S 80

STUDIEN UND VERSUCHE

Eine anthroposophische Schriftenreihe

11

CHRISTOPH LINDENBERG

INDIVIDUALISMUS UND OFFENBARE RELIGION

Rudolf Steiners Zugang zum Christentum

VERLAG FREIES GEISTESLEBEN

ISBN 3 7725 0041 2

Gesamtherstellung Greiserdruck Rastatt

In dieser Religion ist das göttliche Wesen geoffenbart. Sein Offenbarseyn besteht offenbar darin, daß gewußt wird, was es ist. Es wird aber gewußt, indem es als Geist gewußt wird, als Wesen, das wesentlich Selbstbewußtseyn ist. – Dem Bewußtseyn ist in seinem Gegenstand dann Etwas geheim, wenn es ein Anderes oder Fremdes für es ist und wenn es ihn nicht als sich selbst weiß. Dieß Geheimseyn hört auf, indem das absolute Wesen als Geist Gegenstand des Bewußtseyns ist; denn so ist er als Selbst in seinem Verhältnisse zu ihm; das heißt dieses weiß unmittelbar sich darin oder es ist sich in ihm offenbar.

Hegel, Phänomenologie des Geistes

Das Problem

Die tiefe Krise des kirchlichen Christentums, die in den großen innerkirchlichen Auseinandersetzungen offenbar geworden und deren Ende noch nicht abzusehen ist, enthüllt im Grunde nur eine Situation, die schon im Jahre 1900 vorhanden war. Die Ratlosigkeit der Menschen nach dem Zweiten Weltkrieg führte noch einmal zu einer Restauration des alten Glaubensgutes, die bis in den Anfang der 60er Jahre anhielt. In den letzten Jahren aber hat die Kritik am Christentum wieder vehement zugenommen. Der Historiker sieht in der heutigen Kritik dieselben Positionen kaum verhüllt wieder auftauchen, die seit der Aufklärung, seit David Friedrich Strauß und Ludwig Feuerbach den Inhalt des Glaubens erschüttert haben.

Erinnert man unter solchen Umständen an einen aus den Jahren 1902 bis 1912 stammenden Versuch zur Überwindung der religiösen Krise, so kann eine solche Erinnerung beanspruchen, nicht nur historisches Interesse zu besitzen. Dennoch wählt diese Studie fast die *Form* der historischen Darstellung, erstens weil die hier dargestellte Geschichte bis heute «unbewältigt» geblieben ist und weil sie noch genauso herausfordernd ist wie vor 70 Jahren, zweitens weil sie so jedermann am besten zu dienen glaubt: den Freunden Steiners zeigt sie, wie ungeheuer gewagt und kühn Steiners Unternehmen war, denen, die Steiner kritisch gegenüberstehen, wird deutlich, wieviel interessantes Material bisher übersehen worden ist. In gar keiner Weise ist diese Darstellung apologetisch gemeint, hier soll nicht entschuldigt werden, es geht zunächst nur um das *Verständnis* des Weges, den Rudolf Steiner gegangen ist. Ein Urteil über die Leistung Steiners hängt davon ab, ob sie sich im Leben als fruchtbar erweist.

Seit 1902 und in steigendem Maße seit 1907 hat Rudolf Steiner Gedanken und Anschauungen geäußert, die in dem «Mysterium von Golgatha» das wichtigste Ereignis der Geschichte und in dem «Christus-Impuls» die entscheidende Kraft für ein gutes Fortschreiten der Menschheitsentwicklung sehen. Wer Steiners Darstellungen überschaut, kann zu der Ansicht kommen, in der Anthroposophie Steiners sei eine neue Christusverkündigung vorhanden.

Nun war aber Rudolf Steiner vor 1900 keineswegs als Christ, sondern vielmehr als Verteidiger Haeckels und Nietzsches bekannt. Man findet zum Beispiel Äußerungen wie diejenige, die den Zustand der Menschen bei besserer Verbreitung der Naturerkenntnisse beschreibt: Der Mensch werde dann «nicht mehr glauben, daß Gott seinen eingeborenen Sohn gesandt hat, ihn von sündiger Schmach zu befreien, er wird aber einsehen, daß unzählige Himmel da sind, um ihn zuletzt hervorzubringen und sein Dasein genießen zu lassen» [1]. Daß mit diesen Himmeln nicht ein irgendwie geartetes religiöses Jenseits gemeint ist, macht eine andere, fast bekenntnishafte Stelle deutlich: «Wir wollen Kämpfer sein für unser Evangelium, auf daß im kommenden Jahrhundert ein neues Geschlecht erstehe, das zu leben weiß, befriedigt, heiter und stolz, ohne Christentum, ohne Ausblick auf das Jenseits»[2].

Solche Äußerungen ließen sich um weitere vermehren, vor allem passen sie nahtlos in die übrigen Ansichten hinein, die Steiner vor 1900 vertreten hat. – Diese Sätze würden nun in keiner Weise ein Problem darstellen, wenn Steiner selber von einer Bekehrung oder Wandlung berichten würde, die ihn zum Christen gemacht habe. Der Bericht von einer solchen «Bekehrung» hätte in die herkömmliche christliche Deutung von Biographien durchaus hineingepaßt und wäre geradezu als Bürge der inneren Wandlung und Echtheit erschienen. Steiner aber verzichtet auf dieses populäre Schema und die damit verbundenen Propagandaeffekte.

In seiner Autobiographie nimmt er zu seinen früheren Äußerungen Stellung: «Im Widerspruch mit den Darstellungen, die ich später vom Christentum gegeben habe, scheinen einzelne Behauptungen zu stehen, die ich damals niedergeschrieben und in Vorträgen ausgesprochen habe»[3]. Und an anderer Stelle spricht Steiner von «gewissen, allzu radikal erscheinenden Ausführungen»[4]. Wichtig ist in beiden späteren Äußerungen das Wort «scheinen» und «erscheinenden». Mit diesem Wort deutet Steiner an, daß diese Äußerungen nur allzu radikal *erscheinen*, es aber nicht sind. Er ist also keineswegs geneigt, sich radikal von seinen früheren Worten zu distanzieren. Vielmehr kommentiert und interpretiert er sie. Dabei räumt er durchaus ein, daß die Auseinandersetzung mit dem damaligen kirchlichen Christentum und der mit diesem verbundenen Jenseitslehre «eine starke Prüfung» für ihn war, aber grundsätzlich ist er der Auffassung, daß sein späteres Christentum sich in innerer Gesetzmäßigkeit aus seinen Grundanschauungen entwickelt habe. In einem Brief schreibt er: «Wer alles bei mir überschauen wollte, der würde Einklang sehen, wo er, da er es nicht überschaut, nur Widerspruch findet. Ich kann Ihnen nur sagen: es ist dieselbe Erfahrungsart, die mich die Wahrheit in der Wissenschaft, und dieselbe, die mich die mystische Tatsache im Christentum gelehrt hat. Wer mich genauer kennt, der weiß auch, daß ich mich in meinem Leben nicht sonderlich *verändert* habe»[5]. Mit diesen Worten behauptet Steiner also die Kontinuität seiner inneren Entwicklung. Mit dieser Behauptung ist aber keineswegs nur ein biographisches Problem aufgeworfen. Da Steiner seinen Ausgang von der modernen naturwissenschaftlichen Betrachtungsart nahm, stellt sich damit zugleich die Frage, ob sich von dieser Wissenschafts*art*, von dieser *Methode* oder Wissenschaftsgesinnung ein Weg finden läßt, der bruchlos zur Anerkennung der Wahrheit des Christentums führt. Nach der heute populären Auffassung ist das moderne wissenschaftliche Bewußtsein mit den Inhalten des christlichen Glaubens unvereinbar, und auch Steiner ist es vor 1900 so erschienen. Später aber sei er in konsequenter Verfolgung seiner schon früh dargestellten Methodik schließlich zu den Inhalten des Christentums gelangt, ohne dabei eine «Bekehrung» zu erfahren. Zur Beantwortung des mit dieser Behauptung gestellten Problems möchte diese Studie historisches Material vorlegen. Sie versucht, an Hand der Quellen, den Weg nachzuzeichnen, der Steiner von der Gedankenwelt der «Philosophie der Freiheit» zu seiner Christus-Auffassung führte. Dem Leser aber bleibe schließlich die Antwort auf die Frage überlassen, ob die Ansicht Steiners zutrifft, daß schon in seinen ersten Schriften «die Keime der von mir vertretenen geistgemäßen Weltanschauung»[6] zu sehen sind.

Die Philosophie des Individualismus

Schon vor der Jahrhundertwende müßte Rudolf Steiner für einen auch nur oberflächlich seiner Entwicklung folgenden Betrachter eine irritierende, rätselhafte Erscheinung gewesen sein: Ein junger Gelehrter, der als Goetheforscher sich einen Namen gemacht hatte, der dann später einmal dem Philosophen des Unbewußten, Eduard von Hartmann[7], dann wieder dessen Gegner Haeckel eines seiner Werke widmete[8]. Zugleich erschien er als Verteidiger Nietzsches, aber auch wieder als Verehrer Herman Grimms, er setzte sich für den Philosophen des radikalen Egoismus, Max Stirner, ein und dann wieder für den Bürgerschreck Ibsen. War Steiner Opportunist, der je nach Gelegenheit einem anderen zujubelte? – Oder muß man sehen, daß man Steiners Position nicht versteht, wenn man sie durch die Nachbarschaft dieser oder jener Geister bestimmen will?

Es ist nicht leicht, sich die Position zu verdeutlichen, die Steiner in den Kämpfen der 90er Jahre einnahm, schon deshalb nicht leicht, weil uns diese Kämpfe heute fern gerückt scheinen. Eines aber ist leicht: zu sehen, daß das deutsche Bildungsbürgertum Steiner nicht schätzte. Nachdem Steiner die Redaktion des Magazins für Literatur übernommen hatte, bestellte die Berliner Professorenwelt nach und nach das Magazin ab, weil Steiner, wie er selber bemerkte, das Talent hatte, die Leute vor den Kopf zu stoßen[9]. Andererseits ist von Steiner glaubhaft überliefert, daß er in seiner äußeren Lebensform ein konzilianter, von gut-wienerischer Höflichkeit geprägter Mensch war, alles andere als ein Querulant. Der Grund für sein geistiges Verhalten kann nicht in einer eigentümlichen Charakteranlage gefunden werden, sondern nur in seiner philosophischen Ausgangsposition. In ihr muß die Erklärung für das Widersprüchliche einzelner Aussagen gefunden werden, falls es eine solche Erklärung gibt und die einzelnen Stellungnahmen nicht nur Zufallsprodukte sind.

Man würde heute Steiner als einen Nonkonformisten bezeichnen; allein diese negative Aussage hilft nicht viel weiter, besser versteht man Steiner, wenn man ihn als einen individualistischen Denker bezeichnet. Äußerer Anlaß für diese Bezeichnung kann schon in den einleitenden Worten der «Philosophie der Freiheit» (1894) gefunden werden, in denen Steiner den «Kultus des menschlichen Individuums» als einen Grundzug des gegenwärtigen Zeitalters beschreibt. Was Geltung haben soll in unserer Zeit «muß seinen Ursprung in den Wurzeln der Individualität haben»[10]. In jedem einzelnen Menschen liegt nach dieser Auffassung etwas, was wert ist, zur Entwicklung zu kommen, aber Steiner glaubt nicht daran, «daß es einen Normalmenschen gibt, zu dem alle hinstreben sollen»[10]. Wer in diesem Sinne einen Normalmenschen ablehnt, der wird auch bei der Beurteilung einer Philosophie oder Weltansicht nicht in erster Linie danach fragen, ob diese «richtig» ist (was in der Praxis meist heißt: daß man dasselbe meint), sondern man wird fragen, ob diese Ansicht Ausdruck der Individualität ist oder ob sie ein Konglomerat konventioneller Meinungen ist. Die Gedanken einer bedeutenden, d. h. stark individuell ausgeprägten Persönlichkeit werden dann mehr Interesse beanspruchen können als richtige Allerweltsmeinungen, die die Konventionen nicht stören. So erklärt sich Steiners im konventionellen Sinne kaum zu verstehende gleichzeitige Hochschätzung so gegensätzlicher Persönlichkeiten wie Franz Brentano, Nietzsche, Haeckel und Eduard von Hartmann.

Am Verhalten Steiners kann so abgelesen werden, daß nicht die formale ideelle Einheit und die inhaltliche Übereinstimmung für seine Bewertung entscheidend war. Bei Betrachtung der konkreten Individualität interessierte ihn, wie der Gedanke im Menschen und der Mensch im Gedanken lebte. Dieses Thema ist bei ihm immer wieder Gegenstand seiner Studien. Eine Frucht dieser Bemühungen ist seine Philosophiegeschichte, «Die Rätsel der Philosophie». Ihm selber war auch später diese Haltung und Einstellung keineswegs unbewußt, verschiedentlich hat er sich zu ihr bekannt[11].

Daß diese Deutung Steiners keine willkürliche ist, geht aber auch daraus hervor, daß Steiners philosophische Arbeit mit der Beschreibung einer konkreten Individualität begonnen worden ist. Etwa fünfzehn Jahre lang hat sich Steiner dem Studium der naturwissenschaftlichen Werke Goethes gewidmet und es dabei unternommen, die individuelle Forschungsweise Goethes zu beschreiben. Auf diese Weise ist zum Beispiel das Buch «Grundlinien einer Erkenntnistheorie der goetheschen Weltanschauung» entstanden. Dieses Werk enthält in der Tat nicht die Beschreibung oder gar die Deduktion einer x-beliebigen Erkenntnistheorie, sondern die Darstellung der spezifisch goetheschen Art des Erkennens. Daß Steiner Goethe zum Gegenstand seiner Forschungen macht, ist keineswegs zufällig. Es hat seinen Grund in der Art des goetheschen Erkennens.

Schiller spricht einmal von dem beobachtenden Blick Goethes, «der so still und rein auf den Dingen ruht». Ohne das, was Schiller meint, bestreiten zu wollen, muß man aber doch auf die Gefahr aufmerksam machen, die in dieser einseitigen Sicht Schillers liegt: sie rückt allzusehr den beschaulichen Betrachter in den Vordergrund, und das goethesche Erkennen wird so leicht zur Idylle stilisiert. Goethe selber war sich aber auch des anderen Elementes in seinem Erkennen bewußt: der schöpferischen Produktion, die das Bild der «Tatsachen» prägt. Er hat so einmal die Forscher in vier Gruppen gegliedert, deren letzte er die Umfassenden nennt, «die man in einem stolzen Sinne die Erschaffenden nennen könnte», diese verhalten sich im «höchsten Grade produktiv», und es ist Sache der Natur, «sich in diese Ideen einzufügen»[12]. Eben dieses Motiv des produktiven, dem künstlerischen Schaffen verwandten Erkennens hat Steiner in seiner Darstellung Goethes immer erneut betont. Bis etwa 1890 steht allerdings neben der Betonung des Schöpferischen und neben dem Motiv der Tätigkeit auch die Ansicht, daß das Denken, obwohl es durch seine Tätigkeit die Ideen hervorbringt, doch nur Organ der Auffassung sei. Erst in späteren Jahren wird dieser Widerspruch dahingehend geklärt, daß deutlich gemacht wird: die Ideen sind zwar ein objektiver Tatbestand, der in der Welt vorhanden ist, aber der Daseinsgrund der Ideen liegt nicht in einem irgendwo hausenden Weltgeiste oder intellectus agens, sondern in den einzelnen konkreten Individualitäten. Der Weg zu dieser Auffassung kann verfolgt werden.

Philosophie als persönliches Erlebnis

In einem Brief vom 4. November 1894 schreibt Steiner, daß er bedauere, daß Nietzsche seine «Philosophie der Freiheit» nicht mehr zu Gesicht bekommen habe: er hätte das Buch als das, was es ist, genommen: «In jeder Zeile als persönliches Erlebnis», und auf den Einwand, er hätte breiter und objektiver, lehrhafter schreiben sollen, entgegnet er: «Ich lehre nicht; ich erzähle, was ich innerlich durchlebt habe. Ich erzähle es so, wie ich es gelebt habe», darüber hinaus nennt er das Werk die «Biographie einer sich zur Freiheit emporringenden Seele»[13]. Der Kenner dieses Buches mag über solche Charakteristik erstaunt sein, denn das, was man gemeinhin unter persönlichen Erlebnissen versteht, findet sich in diesem Buche nicht: es ist ein rein gedankliches Werk. Auch lassen sich in diesen Gedanken nicht etwa Sublimierungen oder Ideologisierungen der persönlichen Lebenslage Steiners und seiner bürgerlichen Existenz nachweisen.

Was Steiner hier Biographie und inneres Erleben nennt, spielt auf dem Felde der Verständigung des menschlichen Bewußtseins mit sich selbst. Dieses Ringen um die eigene Identität kann sich in vielen Formen abspielen; für viele Menschen ist es eine Berufsfrage, für andere eine Frage nach dem Verhältnis zu den Mitmenschen; für Steiner war es die Frage nach seiner philosophischen Identität. Die Fragen der Philosophie waren für Steiner die unmittelbarsten Fragen nach seinem *eigenen* Wesen. Es ist für die Empfindung ein großer Unterschied, ob man über «das Wesen des Menschen» philosophiert, oder ob man in der Philosophie so darinnen steckt, daß jedes philosophische Problem ein persönliches Problem wird. – Spuren dieses ganz persönlichen Erlebens finden sich in der ersten Auflage der «Philosophie der Freiheit» noch deutlicher als in den folgenden Auflagen. Dort wird eine freie, aus der Individualität erfolgende Handlung u. a. so beschrieben: «Ich prüfe nicht, ob meine Handlung gut oder böse ist, ich vollziehe sie, weil ich in sie verliebt bin»[14]. Das individuelle Philosophieren in diesem Stil war für Steiner nicht etwa Ausdruck der Empfindung oder begeisterter Übermut. Er war sich über die theoretischen Konsequenzen seiner Position durchaus klar und hat sie auch gedanklich formuliert. Das wird besonders deutlich in Steiners Beschreibung dessen, was er Denken, Gedanke, Erkennen und Wahrheit nennt.

Denken und Gedanke

Wer nicht nur über das Denken ohne Berücksichtigung der Erfahrung theoretisiert, wird feststellen müssen, daß er dieser oder jener Erscheinung gegenüber spontan Gedanken bildet, Fragen hat. Verharrt man in diesem Anfangsstadium, so wird man zunächst nur gewahr, daß Gedanken da sind – und zwar irgendwelche, von deren Richtigkeit oder Falschheit noch gar keine Rede sein kann. Sie sind einfach da. Man kann auch nur schlecht fragen, warum sie da sind. Sie sind eine Erscheinung unter anderen Erscheinungen. Nach dem unmittelbaren und spontanen Auftreten eines Gedankens beginnt man dann, diesem Gedanken nach zu denken – oder man läßt ihn wieder fallen. Das Nachdenken besteht darin, den Gedanken mit anderen Gedanken zu verknüpfen. Diese anderen Gedanken können sowohl Gedanken sein, die man nun wiederum spontan bildet, als auch Gedanken, die man schon einmal gehabt hat. Steiner hat immer wieder versucht, diesen Tatbestand zu beschreiben. Das Schwierige ist hier, das einfache Phänomen zu sehen: «Ich sehe einen Körper in Bewegung; er trifft auf einen anderen; dieser kommt infolgedessen auch in Bewegung. Mit diesen Worten ist der Inhalt der Wahrnehmung erschöpft. Ich bin aber dabei nicht beruhigt. Denn ich fühle: es ist in der ganzen Erscheinung noch mehr vorhanden, als was die bloße Wahrnehmung liefert. Ich greife nach einem inneren Erlebnis, das mich über die Wahrnehmung aufklärt. Ich weiß, daß ich selbst durch Anwendung von Kraft, durch Stoßen, einen Körper in Bewegung versetzen kann. Dieses Erlebnis übertrage ich auf die Erscheinung und sage: der eine Körper stößt den anderen»[15].

Was so beschrieben wird, ist das Auftauchen (hier: Ergreifen) des Begriffs des Stoßens, der sich aus dem (subjektiven) Erleben gebildet hat, und ferner die Anwendung dieses Begriffs auf die Wahrnehmung. Gelingt es, in diesem Sinne die einfachsten Formen des Denkens und des Gedanken-Auftretens zu beobachten, so stellen sich eine Reihe von Fragen. Die erste ist vielleicht die nach der Bedeutung jener subjektiven Erlebnisse für das Weltverständnis. Man ist geneigt, diese anthropomorphische Art des Weltverstehens für unbedeutend zu halten, weil sie subjektiv ist. Man bedenkt dabei nicht, daß einerseits ein wirkliches Verstehen nur bei derartiger subjektiver Beteiligung möglich ist, daß gerade die Ergriffenheit des Subjekts die beste Gewähr dafür ist, daß es die Welt versteht. Andererseits muß man sich klarmachen, daß solche elementaren Beispiele nur zum Zwecke einfacher Verständigung gewählt werden. In der Tat treten im Menschen weit differenziertere Begriffe als der des Stoßens u. ä. auf. Es ist jedenfalls Steiners Überzeugung, daß «in dem Subjektiven das eigentlichste und tiefste Objektive lebt»[16]. Damit will Steiner sagen, daß in der menschlichen Persönlichkeit und aus der menschlichen Persönlichkeit etwas erscheint, was sonst in der Welt nicht vorhanden ist, was vom Menschen geschaffen wird, was aber, so zeigt es die Erfahrung, dennoch über die Welt Aufschluß gibt. Die zweite Frage, die gestellt werden könnte, bezieht sich auf das Wesen des Gedankens und der Begriffe. Das Beispiel des Stoßens könnte dazu verleiten, Gedanken nur als Widerspieglung körperlicher Erlebnisse zu deuten. Die Beteiligung der Leibesorganisation am Zustandekommen des Stoßerlebnisses kann nicht geleugnet werden. Aber es ist zwischen dem körperlichen Vorgang einerseits und dem ursprünglichen – im Bewußtsein verlaufenden – Erlebnis und seiner gedanklichen Widerspieglung andererseits zu unterscheiden. Ferner muß man darauf hinweisen, daß der Großteil der begrifflichen Erlebnisinhalte keineswegs in derselben Art im Zusammenhang mit der Leibesorganisation entsteht wie das Erlebnis des Stoßens. So wie man von einer Leibesorganisation sprechen kann, so kann man auch von einer seelisch-geistigen Organisation des Menschen sprechen, die ihre spezifischen Konturen durch Bildung, Beruf, Lebensalter usw. und nicht zuletzt durch die persönlichen Anstrengungen des Betreffenden erhält. Im Zusammenhang mit dieser Organisation, die sehr verschiedenartig sein kann, entstehen jene Begriffe und Gedanken, von denen nunmehr die Rede sein soll.

Wahrheit und Erkennen

Die übliche Vorstellung von der Wahrheit meint, diese sei irgendwo aufbewahrt, sie sei für alle Menschen gleich und man hätte sich nach ihr zu richten. Eine derartige Wahrheitsvorstellung läßt keinerlei Individualität zu. Es gibt natürlich allgemeingültige Wahrheiten, denen jeder Mensch zustimmt. Steiner spricht in diesem Zusammenhang von dem banalen, aber unbedingt wahren «zwei mal zwei ist vier». Diese Art Wahrheiten, besser Richtigkeiten zu nennen, sind «die oberflächlichsten, die trivialsten. Sie entsprechen dem allgemeinen Gattungscharakter des Menschen, der bei allen Menschen der gleiche ist»[17]. In einem Kommentar zu Goethe formuliert Steiner apodiktisch: «Wahrheit ist nichts an und für sich selbst. ... Je nach seiner Organisation hat jeder

Mensch seine eigene Wahrheit, die *nur* er in ihren intimen Zügen verstehen kann. Wer eine allgemein giltige Wahrheit verlangt, versteht sich selbst nicht.»[18] Was Steiner so zum Ausdruck bringt, steht einerseits in der Tradition Goethes, der den Menschen mit allen seinen Sinnen als das zentrale Erkenntnisorgan begriff[19], zum anderen weist diese Auffassung auf die spätere Anthroposophie, die in der Kultivierung der menschlichen Seeleneigenschaften eine wichtige Erkenntnisvoraussetzung sieht.

1897 formuliert Steiner das Prinzip des individuellen Erkennens, indem er sagt: «In der Wahrheit leben ist nichts anderes, als bei der Betrachtung jedes einzelnen Dinges hinzusehen, welches innere Erlebnis sich einstellt, wenn man diesem Ding gegenübersteht.»[20] Wie steht es unter solchen Umständen mit der Allgemeingültigkeit der menschlichen Erkenntnisurteile? Es war das Bestreben Kants und anderer deutscher Philosophen gewesen, die Allgemeingültigkeit synthetischer Urteile a priori nachzuweisen, denn mit der Frage nach der Allgemeingültigkeit war für jene Philosophen die Frage nach der Wissenschaftlichkeit verknüpft. Man meinte zu wissen, daß zumindest in den mathematischen Urteilen solche synthetischen Urteile a priori enthalten seien und kam deshalb zu der Auffassung, daß in jeder Wissenschaft soviel Wissenschaft wie Mathematik enthalten sei. Es sind aber alle Versuche außerhalb des reinen Formalismus zu «apriorischen» Urteilen zu gelangen, gescheitert, und der apriorische Charakter der Mathematik ist zumindest umstritten. – Nun läßt sich die Forderung, daß die Wissenschaft allgemeingültig zu sein habe, zwar mit Argumenten vertreten, denen praktische Erwägungen zugrunde liegen, bedenkt man aber, daß alle Erfahrung von Natur aus individuell ist und daß Gedanken als solche nur im und für das menschliche Bewußtsein auftreten, so wundert man sich, mit welcher naiven Selbstverständlichkeit die Forderung der Allgemeingültigkeit erhoben wird. Geht man selbstkritisch mit sich zurate, so findet man innerhalb des Horizontes des eigenen Bewußtseins nichts, das von sich aus den Charakter der Allgemeingültigkeit beanspruchen kann. Das ist auch der Grund dafür, weswegen als Träger der Allgemeingültigkeit ein transzendentales Subjekt oder ein Gott postuliert worden ist. Der in der Selbstbeobachtung festzustellende Tatbestand zeigt zunächst, daß jeder Mensch selber erkennen muß, daß er selber seine eigenen inneren Erlebnisse mit den äußeren Tatsachen in Zusammenhang bringen muß. Wie das in jedem Einzelfall zu geschehen hat, kann nicht von vornherein als ausgemacht gelten, da jeder Mensch, mit einer individuellen Organisation ausgestattet, an einem Ort steht, an dem nur er sich befindet. Diese und andere hier nicht zu beschreibende Erwägungen führen Steiner zu der Ansicht: «Den begrifflichen Inhalt, den der Mensch durch das Denken mit der Wahrnehmung in Verbindung bringen muß, um sich der vollen Wirklichkeit zu bemächtigen, kann niemand ein für allemal festsetzen und der Menschheit fertig hinterlassen. Das Individuum muß seine Begriffe durch eigene Intuition gewinnen. Wie der einzelne zu denken hat, läßt sich nicht aus einem Gattungsbegriff ableiten. Dafür ist einzig und allein das Individuum maßgebend.»[21]

Ein Denken, das in Ordnung, Gesetz und prästabilierter Harmonie die obersten Werte sieht, wird sich von solcher Auffassung des Denkens und Erkennens schaudernd abwenden. Der empirisch orientierte Beobachter aber wird ein Zweifaches zugeben: erstens, daß ja in der Tat das persönliche Denken mit all seinen Möglichkeiten auf viele, höchst eigenartige Wege gerät, und daß also in der Welt im Bereich des Denkens zunächst wenig Übereinstimmung und viel Chaos zu herrschen scheint. Zweitens aber wird der unbefangene Betrachter auch feststellen müssen, daß dort, wo Menschen nicht von Leidenschaften und Interessen in die Irre geführt werden und wo man sich überdies um immer umfassendere Einsicht müht, schließlich aus dem empirischen Chaos langsam wie von selbst eine Ordnung entsteht, die durch das Gespräch, auch durch den Streit und andere Weisen der Kommunikation gefördert wird. Die so entstehende Ordnung oder Einheit findet sich ebenso in dem Prozeß der stets fortschreitenden Wissenschaft wie auch in den Auffassungen der Sittlichkeit. «Diese Einheit», so bemerkt Steiner, «ist allerdings bloß ein Ergebnis der Welterfahrung. Allein sie muß ein solches sein. Denn wäre sie durch irgend etwas anderes als durch Beobachtung zu erkennen, so wäre in ihrem Bereich nicht individuelles Erleben, sondern allgemeine Norm geltend. Individualität ist nur möglich, wenn jedes andere Wesen vom anderen nur durch individuelle Beobachtung weiß.»[22]

Die Vertiefung des Individualismus – die Bedeutung der Idee

Hat man sich durch die bisher angedeutete – und keineswegs ausführlich dargestellte und begründete – Skizze des Steinerschen Individualismus über seine Ausgangsposition einige Klarheit verschafft, so ist es notwendig, nunmehr einen Blick auf ihre mögliche Vertiefung zu werfen. Der Gedanke, der, vom Menschen hervorgebracht, in ihm erscheint, kann immer umfassender ergriffen werden, und im Erkennen kann die gedankliche Ordnung der Welt immer tiefer erfahren werden. Nicht nur reiht sich ein Gedanke assoziativ an den anderen, im Denken zeigt sich eine innere Gesetzmäßigkeit, die durch die Regeln der Logik und Logistik nur anfänglich widergespiegelt ist. Bei vielen Menschen zeigt sich das Bemühen, die Widersprüche in ihrer Gedankenwelt zu überwinden, die offenen Fragen zu beantworten und zumindest an der einen oder anderen Stelle durch Forschung und Nachdenken bestimmte Gebiete der Begriffswelt immer detaillierter auszubilden. Ob dies nun mehr instinktiv erfolgt, oder ob es in Wissenschaft und Dichtung bewußt getan wird: immer wird deutlich, daß Menschen so im Denken und Erkennen und auch in der Kunst ihr Einzeldasein überwinden. Für viele Wissenschaftler und Künstler, aber auch für Menschen, die in anderen – etwa sozialen – Berufen arbeiten, ist dieser Prozeß der Selbsterweiterung der eigentliche Lebensweg. Nennt man nun den Gesamtumfang der Gedankenwelt «Idee» und erlebt man die selbst gewollte Aufgabe, die Idee zu erfassen und sich in sie einzuleben, dann kann man sich so äußern, wie Steiner es in einem etwa aus dem Jahre 1888 stammenden «Credo» tat: «Der Mensch fühlt und erkennt als Einzelnes sich, wenn er zu seinem vollen Bewußtsein erwacht. Dabei aber hat er die Sehnsucht nach der Idee eingepflanzt. Diese Sehnsucht treibt ihn an, die Einzelheit zu überwinden und den Geist in sich aufleben zu lassen. ... Lasse die Einzelheit dahinfahren und folge der Stimme der Idee in dir, denn sie nur ist das Göttliche.»[23]

In der «Philosophie der Freiheit» findet man denselben Tatbestand ohne moralische Aufforderung formuliert. Dafür findet sich der Hinweis auf die Einheit der Idee (oder Ideenwelt), die, wie oben angedeutet, allerdings ein Ergebnis der Erfahrung und kein apriorisches Element ist: «Jeder Mensch umspannt mit seinem Denken nur einen

Teil der gesamten Ideenwelt, und insofern unterscheiden sich die Individuen *auch* durch den tatsächlichen Inhalt ihres Denkens. Aber diese Inhalte sind in einem in sich geschlossenen Ganzen, das die Denkinhalte aller Menschen umfaßt. Das gemeinsame Urwesen, das alle Menschen durchdringt, ergreift der Mensch somit in seinem Denken. Das mit Gedankeninhalt erfüllte Leben in der Wirklichkeit ist zugleich das Leben in Gott.»[24]

Solche Ausführungen werden mißverstanden, wenn man unter «Gott» hier etwas anderes versteht als das, was auf philosophische Weise beschrieben worden ist. Denkt man hier an der Stelle, wo Steiner das Wort Gott setzt, an einen persönlichen Gott im Sinne der christlichen Konfessionen, so mißdeutet man das von Steiner 1893 Gemeinte. Das Göttliche, das hier gemeint ist, ist kein jenseitiges Weltprinzip, es kann vielmehr im Menschen ergriffen werden. Es auf andere Weise als durch das Denken zu suchen, liegt kein Anlaß vor: «Der Mensch findet keinen jenseitigen Urgrund des Daseins, dessen Ratschläge er erforschen könnte. . . . Er ist auf sich selbst zurückgewiesen.» «Der persönliche Gott ist nur der ins Jenseits versetzte Mensch.»[24]

In diesem Sinne weist Steiner 1893 jede metaphysische Spekulation ab. Die beobachtende Methode, die durch die Naturwissenschaften vorgebildet ist, wird von Steiner auch in entsprechender Abwandlung auf die Erforschung dessen angewandt, was sich in der Selbstbeobachtung und Selbstentfaltung des Menschen zeigen kann. Seiner Freiheitsphilosophie hat er so das Motto: «Seelische Beobachtungsresultate nach naturwissenschaftlicher Methode» gegeben. Da er meint, in diesem Sinne in einer vielfältigen Welt eine zwar differenzierte, aber im Letzten doch einheitliche Weltauffassung zu vertreten, nennt er diese Weltauffassung «Monismus».

Das einheitstiftende Prinzip dieses Monismus ist die menschliche Persönlichkeit, insofern sie ihre allseitigen Erfahrungen und Erlebnisse bewußt ergreift, insofern sie das ideelle Moment in den Erfahrungen vertieft und durch die Praxis des Handelns und Erkennens den gedanklich ideellen Pol der Erfahrung mit dem als Wahrnehmung gegebenen Pol immer stärker verbindet. Hinfort sei die in diesem biographischen Prozesse tätige Persönlichkeit «Ich» genannt. Die Wirklichkeit mit dem Ich zu ergreifen, durch das Ich zu gestalten und für das Ich zu wissen, ist der Sinn dieses Monismus.

Es soll nun gleich gesagt werden, daß Steiner diese Position auch später nicht aufgegeben hat. Er hat sie aber erweitert und fortentwikkelt. Es sei das hier angedeutet, damit dem Leser der Sinn dieser Ausführungen von vornherein vor Augen stehen kann. Was Steiner später als die Gesetzmäßigkeiten des Schicksals (Karma) darstellt, ist die naturgesetzlich gedachte Gesetzmäßigkeit der Menschenseele und nicht etwa das rächend oder belohnend eingreifende Wirken von Geistern oder Göttern. Ähnlich steht es auch mit Steiners Auffassung vom Christentum. Was Steiner «Geist» nennt, ist kein jenseitiges Weltprinzip, sondern eine dem Menschen zunächst in innerer Beobachtung zugängliche Gesetzmäßigkeit. So schreibt er als Motto in eines seiner Werke: «Der Verfasser dieses Buches war bemüht, die Natur des Geistes zu erforschen, wie der Naturforscher den Geist der Natur erforschen will.»[25] Das so charakterisierte Werk heißt: «Das Christentum als mystische Tatsache.» Das Christentum ist ihm eine in sachgemäßer innerer Beobachtung zugängliche Tatsache, kein «Glaubensinhalt». – Nach diesem Vorausblick wird der Leser verstehen, daß wir noch etwas länger bei der philosophischen Grundposition Steiners verweilen und sie in ihren Konsequenzen überdenken wollen.

Abgrenzung gegen den Empirismus

Was unterscheidet den Steinerschen Monismus vom landläufigen Empirismus? Der Empirismus glaubt, daß uns in der äußerlich gegebenen Erfahrung das Wesen der Welt erscheine. Alles menschliche Erkennen bestünde dann nur in dem richtigen Aufnehmen und Wiedergeben der Erfahrung. Die Erfahrung, und zwar die bloß äußerlich fertig gegebene Erfahrung wäre dann das Dogma, nach dem der Mensch sich zu richten hätte. Unter solchen Umständen läßt sich aber keine freie, sondern nur eine richtige Handlung denken. Der Empirismus verkennt die Rolle, die das Denken und der Begriff beim Zustandekommen der Wirklichkeit spielen. Die Deutung und Bestimmung der Erfahrung erfolgt durch das Denken. Die äußerlich gegebene Erfahrung enthält keinerlei Bestimmung in sich verborgen, sie muß ihr erst gegeben werden.

Dies geschieht durch den Menschen, der aus sich heraus Gedanken produziert und auch als Tätiger weltverwandelnd wirkt. Der Weltprozeß wird so in Technik, Kunst und Wissenschaft durch den Menschen fortgesetzt, und für Steiner gehören auch die im Menschen erfahrbaren und durch den Menschen geschaffenen Erscheinungen zur Totalität der Wirklichkeit. Ohne den Menschen und seine Schöpfungen gibt es keine *volle* Wirklichkeit. Gerade das Wesentliche ergreift der Mensch nicht durch das bloße Beschauen einer sinnlichen Wahrnehmung. Das für den Menschen Bestimmende sind seine Gedanken – auch dann, wenn er sich ihrer nicht klar bewußt ist und wenn er sich über die Herkunft der Gedanken Illusionen hingibt. Es liegt in der Konsequenz dieser Auffassung, wenn also Steiner entgegen dem üblichen Empirismus formuliert: «Das Wesen der Dinge kommt mir also nicht aus ihnen, sondern aus mir zu. Mein Inhalt ist ihr Wesen. . . . Im Erkenntnisprozeß entnehme ich aus mir das Wesen der Dinge. Ich habe also das Wesen der Welt in mir.» «Derjenige, der eingesehen hat, daß im Ich das Wesen aller Dinge liegt», kann «die Gesetze des Handelns auch nur im Ich finden.»[26] Hierin liegt der Grund der menschlichen Freiheit. Der Mensch ist der Letztverantwortliche, weil er das letzte Bestimmende seiner Handlung ist[27]. So wie man die Anschauung Steiners von dem üblichen Empirismus abgrenzen muß, so muß man seine Anschauungen auch von dem üblichen Idealismus abgrenzen.

Abgrenzung gegen den Idealismus

Zwar ist Steiner der Ansicht, daß das sogenannte «Wesen der Dinge» als Idee erscheint, und insofern ist er Idealist. Aber die Idee, von der Steiner spricht, ist nicht etwas Übermenschliches, das über den Menschen zu herrschen hätte. In einem Brief aus dem Jahre 1896 wird das zunächst in Umrissen deutlich. Steiner schreibt dort, daß er erst mit der «Philosophie der Freiheit» die ihm angemessene Form der Aussage gefunden habe, vorher habe er seine Empfindungen hinter manchem gangbaren Schlagwort verborgen: «Ich erinnere Sie nur daran, daß ich mich oft ‹Idealist› genannt habe. Ich bin aber nie in dem Sinne Idealist gewesen, den man in der deutschen Literatur damit verbindet. Nennt man doch in Deutschland etwas Idealismus, was nichts weiter als eine schlimme Art von Verlogenheit und Unaufrichtigkeit gegen sich selbst ist.»[28] Wie diese Worte zu verstehen sind, wird durch eine andere Aussage deutlich, in der Steiner gegen die Verketzerung der Selbstsucht Stellung nimmt: «In der Selbstsucht sieht das Christentum den Quell des Bösen. Nie hätte das geschehen können, wenn man eingesehen hätte, daß das gesamte Sittliche seinen Inhalt nur aus dem eigenen Selbst schöpfen kann.»[29] Man sieht, worauf es Steiner hier ankommt: er hält es für ein Mißverständnis zu meinen, die Sittlichkeit oder die Idee könne anders als durch Menschen hervorgebracht werden. Leugnet man den einzig wahrnehmbaren Quell der Idee, das Selbst, und sieht man die Idee als etwas an, was dem Menschen übergeordnet ist, so muß nach der Auffassung Steiners die Sittlichkeit selber Schaden nehmen. Die Idee gehört so zur Natur des voll ausgebildeten Menschen wie die Flügel zum Vogel gehören. Nicht in der Selbstüberwindung, sondern im Selbstergreifen entsteht die Sittlichkeit. Dieses zu betonen wird Steiner in seiner Frühzeit nie müde: «Die Natur hat die Kraft, auf ihrem Gipfelpunkt das vernünftige Tier hervorzubringen; kein göttlicher Odem braucht diesem vernünftigen Tier eingeblasen zu werden.» «Und es ist ein ‹Unding›, der ‹Schöpferkraft›, die von oben kommt, zuzuschreiben, was offenkundig die Natur aus sich selbst erzeugen konnte.»[30]

Eine besondere Form kann der Idealismus als Mystik annehmen. Dem Mystiker ist die Bedeutung des Menschen aufgegangen, wenn er mit Angelus Silesius sagt:

> «Ich bin so groß als Gott, er ist als ich so klein;
> Er kann nicht über mich, ich unter ihm nicht sein.»

oder:

> «Ich weiß, daß ohne mich Gott nicht ein Nu kann leben,
> Werd ich zunicht, er muß vor Not den Geist aufgeben.»

Findet aber der Mystiker, der sich in das Menschen-Innere vertieft, wiederum eine fremde Macht und nicht sich selbst, so gibt er sich nach Steiners Ansicht einem Irrtum hin. Im Tone der Enttäuschung schreibt er deshalb über die mystischen Erkenntnisse Jakob Böhmes, der den

Weg der Vertiefung in die Menschennatur geht: «Was ihm aber in diesem Inneren entgegentritt, ist nicht das Ich des Menschen, sondern doch wieder nur der Christengott.»[31] Eine solche Aussage muß *den* verdutzen, der sich erinnert, wie oft Steiner später das Pauluswort «Nicht ich lebe jetzt als ich selbst, es lebt in mir Christus» (Galater 2, 19) gebraucht hat. – Was Steiner gegen Jakob Böhme einzuwenden hatte, ist, daß ihm der «Christengott» als eine Offenbarung, als ein *Fremdes* entgegentritt.

Steiners Polemik gegen Offenbarungsreligionen

Diese Stellung gegen die Offenbarungsreligion hatte Steiner schon bezogen, als er 1887 schrieb: «Es ist allein des Menschen würdig, daß er selbst die Wahrheit suche, daß ihn weder Erfahrung noch Offenbarung leite. Wenn das einmal durchgreifend erkannt sein wird, dann haben die Offenbarungsreligionen abgewirtschaftet. Der Mensch wird dann gar nicht mehr wollen, daß Gott sich ihm offenbare oder Segen spende.»[32] Was ist in Steiners Augen das Übel der Offenbarung? Nicht, daß irgend etwas offenbar wird – nein, das Ungute an der Offenbarung ist, daß sie dem Menschen sagt, was er denken, was er tun, was er empfinden und glauben soll. Das heißt, die eigene Tätigkeit des Menschen, seine eigene Verantwortung wird ausgeschaltet. Hier liegt ein Problem, ein innerer Widerspruch in dem üblichen Selbstverständnis der Offenbarungsreligionen, der von diesen ernst genommen werden muß. Bei aller Offenbarung, die an den Menschen herantritt – sei es als Vision, als «Gottes Wort» oder als «Stimme des Gewissens» –, stellt sich ja die Frage: Was offenbart sich dort? wer offenbart sich dort? – denn der Offenbarungen sind viele. Damit ist an das Ich die Forderung gestellt: von sich aus das Wesen dessen, was sich offenbart, zu bestimmen. Unterwirft sich der Mensch einer «Offenbarung», so nimmt die Selbstbestimmung des Menschen den Umweg über die scheinbare Fremdbestimmung. – Kant macht auf die notwendige Selbstbestimmungspflicht des Menschen aufmerksam: «Selbst der Heilige des Evangelii muß zuvor mit unserem Ideal der sittlichen Vollkommenheit verglichen werden, ehe man ihn dafür erkennt. Sagt er doch selbst: Was nennt ihr mich (den ihr sehet) gut? niemand ist gut (das Urbild des Guten) als der einige Gott (den ihr nicht sehet)! Woher haben wir aber den Begriff von Gott als dem höchsten Gut? Lediglich aus der Idee, die die Vernunft a priori entwirft.»[33] Kant deutet so auf das innere (apriorische) Element, das er zum Maßstab aller Offenbarung macht. Das Neue Testament selber kennt dasselbe Problem in anderer Weise, wenn es im ersten Johannesbrief heißt: «Geliebte, glaubt nicht jedem Geist, sondern prüfet die Geister, ob sie aus Gott sind» (I Joh. 4, 1). Ohne die Offenbarung zu leugnen, kann man mit dem Apostel wie mit Kant nicht umhin, auf die Prüfungspflicht des Ich zu verweisen. Gerade der, der sich der Fülle dessen, was Welt und Geist offenbar machen, bewußt ist, erfährt immer erneut, daß jede Offenbarung denkend erfaßt und voll wahrgenommen in den Prozeß der Ich-Tätigkeit aufgenommen werden muß und dort erst ihre Bedeutung erhält. Diese Bedeutung erlebt als von außen gegebenes Gebot, wer sich des Ich-Prozesses nicht bewußt ist oder ihn gar nicht durchmacht. Von manchen Vertretern der Offenbarungsreligionen wird diese Möglichkeit der menschlichen Selbstbestimmung mit dem Einwand geleugnet: der Mensch sei in seiner Sündhaftigkeit nicht in der Lage, von sich aus das Rechte zu erkennen, und deshalb der Anleitung durch die Offenbarung bedürftig. Darauf kann man nur erwidern: Ist denn der Mensch jedem Offenbarungsüberfall schutzlos preisgegeben? Tritt nicht das Böse mit Vorliebe in der Maske des Guten auf? Muß nicht der Mensch in irgendeiner Weise erkennen, was es mit der Offenbarung auf sich hat, und sei es nur dadurch, daß er sich dessen bewußt wird, welche Tendenzen seines Inneren durch die Offenbarung geweckt werden? – Nach der Auffassung Steiners jedenfalls heißt es, das Göttliche selber leugnen, wenn man das freie Erkennen, die Selbstbestimmung des Ich leugnet[104]. So finden sich bei Steiner immer wieder polemische Bemerkungen gegenüber Versuchen, diese Selbstbestimmung des Menschen zu leugnen oder zu untergraben. Mit der freien Selbstbestimmung des Menschen ist beispielsweise eine göttliche Führung der Geschichte durch himmlische Fingerzeige unvereinbar. Das kirchliche Christentum kennt aber durchaus die Form der Offenbarung Gottes durch allerlei Fingerzeige und Omina, ganz im Gegensatz zum Evangelium, das sagt: «Wahrlich ich sage euch, nimmermehr wird diesem Geschlecht ein Zeichen gegeben werden» (Markus 8, 12).

In Shrewsbury, der Vaterstadt Darwins, sollte zum Beispiel ein Darwin-Denkmal errichtet werden. Ein furchtbarer Sturm aber warf den Kirchturm von Shrewsbury um. Das war ein Wink Gottes für die Frommen, für das Denkmal nichts zu spenden. Daran knüpfte Steiner folgende Bemerkung: «Aber wie man sich auch Mühe geben mag, nie wird es jemandem gelingen, Eintracht zu stiften zwischen der christlichen und der modern-naturwissenschaftlichen Weltanschauung. Ohne eine persönliche, weise Führung der Weltgeschicke, die sich in Zeiten der Not durch Fingerzeige wie das Umwerfen des Turmes von Shrewsbury ankündigt, gibt es kein Christentum, ohne die Leugnung einer solchen Führung und die Anerkennung der Wahrheit, daß in dieser unseren Sinnen zugänglichen Welt alle die Ursachen der Ereignisse liegen, gibt es keine moderne Denkweise. Nichts Übernatürliches greift je in die Natur ein, alles Geschehen beruht auf Elementen, die wir mit unseren Sinnen und unserem Denken erreichen: Erst wenn diese Einsicht nicht in das Denken allein, sondern in die Tiefe des Empfindungslebens eingedrungen ist, kann von moderner Anschauungsweise gesprochen werden.»[34] Man sieht hier deutlich, worum es Steiner damals (1897) geht: um die Ablehnung eines unbegründeten, von keiner Erkenntnis getragenen Glaubens. Aus eben demselben Motiv bekämpfte Steiner auch die Gesellschaft für ethische Kultur: sie wollte durch bloße Verbreitung moralischer Vorschriften Sittlichkeit verbreiten. Dagegen wendet Steiner ein: «In einem Kulturgebiet aber, wo ein wahres Geistesleben herrscht, kann die jeweilige sittliche Lebensführung nur das Ergebnis der herrschenden Weltanschauung sein. Die Sitte ist immer eine notwendige Folge der Erkenntnis eines Zeitalters.»[35] Es bleibt zu beachten, daß, wer so denkt, keineswegs die Sittlichkeit oder echte Religiosität bekämpfen muß. Im Gegenteil ist denkbar, daß beide erst auf dem Fundament einer Erkenntnis ein begründetes Dasein entfalten. Das war Steiners Grundüberzeugung bis zum Letzten. Als er 1923 die Allgemeine Anthroposophische Gesellschaft begründete, formulierte er den Zweck dieser Vereinigung: Sie wolle «das seelische Leben im einzelnen Menschen und in der menschlichen Gesellschaft auf der Grundlage einer wahren Erkenntnis der geistigen Welt pflegen.»[36]

Nun hat das hier in Rede stehende Problem noch eine andere, eine psychologische Seite. Es ist nämlich durchaus erstaunlich, was blindgläubige Menschen auf Grund ihrer Überzeugungen alles fertig zu bringen in der Lage sind. Man bedenke, daß gläubige Ketzerrichter Ketzer bedenkenlos dem Scheiterhaufen überantworteten, und auf die Frage, was denn geschehe, wenn gute Christen mitverbrannt würden, die Antwort wußten: Der Herr wird die Seinen schon herausfinden[37]. Oder man denke an die Massenvernichtungen der Juden, sie war nur auf Grund des vom Haß getragenen Glaubens: die Juden seien keine Menschen, sondern Untermenschen, schlimmer als jedes Tier[38], denkbar und möglich. Solche Tatbestände beleuchten nicht nur die Bedeutung der Weltanschauung für das sittlich-praktische Handeln, man kann auch die Frage daran knüpfen: Wer hätte wohl die Stirn gehabt, aus eigener Verantwortung und aus eigener Einsicht solches zu tun? Man meint auf Grund des Glaubens einer anderen Macht die Verantwortung für das eigene Tun zuschreiben zu können, und nicht nur für das eigene Tun, sondern auch für das Denken. Es braucht die persönliche Unverantwortlichkeit nicht immer so katastrophale Folgen zu haben wie in Auschwitz oder Albi. Es kann auch als gut erscheinende Folgen haben. Es ist sogar im täglichen Leben nicht in jedem Falle möglich, auf Grund selbstverantworteter Erkenntnisse zu handeln. Man richtet sich nach Vorbildern aller Art. Im Prinzip aber ist der mündige Mensch für sein Denken, Reden und Tun selber verantwortlich. So sieht es auch das Strafrecht. In alltäglichen, und namentlich bei gelungenen Dingen ist man auch dazu bereit. In bezug auf seine Gedanken und Ansichten ist der naive Mensch aber der Meinung, daß sie ihm von außen gegeben werden, da er sie als «Tatsachen ansieht». Er bemerkt nicht, daß er seine Gedanken selber hervorbringt, daß diese seine Sehweise bestimmen und dadurch, daß sie auch sein Verhalten prägen, sogar die Erscheinungsaspekte der Sache verändern. Er glaubt sich so nach objektiven Tatbeständen zu richten, in Wirklichkeit aber richtet er sich nach seinen selbsterzeugten oder von anderen Menschen übernommenen Ansichten.

Steiner charakterisiert das folgendermaßen: Dieses Verhältnis des Menschen zur Außenwelt «besteht demnach darin, daß er sein Inneres als ein Äußeres ansieht und dieses nach außen versetzte Innere zugleich als den Herrscher und Gesetzgeber über die Natur und sich selbst setzt»[39]. Hierbei geschieht ein Mehrfaches: erstens wird ein Äußeres und ein Inneres verwechselt, zweitens wird die Verantwortung nach Außen verschoben, drittens aber verändert sich die Gestalt des Inneren. Was in meinem Denken als ein Geistiges, als ein durchdachter Begriff erscheint, wird nun als Tatsache, als wirkende Kraft oder als Offenbarung, ja als Gottheit vorgestellt. Dabei haben die Götter die eigentümliche Gewohnheit, sich nach dem Bedürfnis oder der Einsicht ihrer Autoren zu richten. «Menschen, die sich von Göttern regiert glauben, gibt es ohne Zahl; solche, die nicht selbständig über den Kopf der Götter hinweg ein Urteil fällen, was diesen Göttern gefallen kann oder mißfallen, gibt es nicht.»[40] Mit solchen Worten beschreibt Steiner den üblichen Umgang mit der «Gottheit» und zieht die Konsequenz: «Der persönliche Gott ist nur der in ein Jenseits versetzte Mensch.»[41] Es ist aber nicht nur bedauerlich, daß man diesen Sachverhalt verkennt, sondern vor allem, daß dabei der ursprünglich geistige Charakter des Inneren verlorengeht. Namentlich wenn Götter und Teufel leibhaftig auf der Erde vorgestellt werden, wenn sie dort grob-materielle Wunder verrichten oder wenn die «heilige Jungfrau» und «Gottesmutter» leibhaftig in den Himmel versetzt wird, dann verschwindet der geistige Charakter eines oft ursprünglich sinnvollen Symbols. Als Symbol war es das sinnenfällige Gleichnis eines nur geistig erfaßbaren Vorgangs, nun ist es von all diesem losgelöst und nur noch als sogenanntes «Wunder» zu «glauben». Das historische Christentum hat damit zur Erkenntnis des Menschen und der Welt nichts beigetragen, es wurde vielmehr zum Vorläufer einer materialistischen Weltauffassung. So beschreibt Steiner das historische Christentum in einem Werk, das die Entwicklung der menschlichen Selbsterkenntnis schildert, folgendermaßen: Der «natürliche Gang der abendländischen Geistesentwicklung wurde aufgehalten durch die Ausbreitung der christlichen Lehre. Das Christentum bietet dasjenige, was die griechische Philosophie in der Sprache der Weltweisen zum Ausdruck bringt, in volkstümlichen, sozusagen mit Händen zu greifenden Vorstellungen dar. ... Nicht einen feingeistigen Inhalt, wie Platos Ideenwelt, nicht ein dem erst zu entfachenden inneren Lichte entströmendes Erleben stellt das Christentum als höchste Weltwesenheit dar, sondern Vorgänge mit den Attributen sinnlich-greifbarer Wirklichkeit. Ja es geht so weit, das höchste Wesen in einem einzelnen historischen Menschen zu verehren. ... Wie ein Nebel lagert sich die christliche Lehre vor das Licht, von dem die Erkenntnis des eigenen Wesens hätte ausgehen sollen.»[42] Man kann solche Worte als eine böse Beschimpfung der christlichen Religion ansehen, man kann sich aber auch fragen, ob nicht diese Darstellung einen vorhandenen historischen Tatbestand trifft, den übrigens viele Religionsgeschichtler und Historiker – auch schon vor Steiner – beschrieben haben.

Ein besonderes Problem stellt sich schließlich dar, wenn man durchaus das Geistige als Geistiges anerkennt und auch bemerkt, daß Begriffe und Ideen geistiger Natur sind, wenn man aber gleichzeitig nicht das eigene Denken und damit die eigene Persönlichkeit als den Quell dieses Geistigen anerkennen will. Dieses Problem ist noch immer aktuell. Als historisches Phänomen tritt dieses in der Scholastik auf. So sagt Thomas von Aquino: Jenes geistige Licht, welches in uns ist, ist nichts anderes als die Teilhabe am unerschaffenen Lichte, in welchem die ewigen Ideen enthalten sind[43]. – Die ewigen Ideen sind die Ideen in Gott. Von den Ideen nehmen die Scholastiker an, daß sie die Welt bestimmen und durchdringen. Das beurteilt Steiner folgendermaßen: «Gesund an der Scholastik ist, daß sie eine Empfindung dafür hatte, daß Begriffe und Ideen nicht nur Hirngespinste sind. . . . Krank ist an der Scholastik die Vermischung dieser Empfindung mit den Vorstellungen des Christentums. Das Christentum findet den Quell alles Geistigen, also auch der Begriffe und Ideen in Gott. Es hat den Glauben an etwas nötig, das nicht von dieser Welt ist. Ein gesundes menschliches Denken hält sich aber an diese Welt. Es kümmert sich um keine andere. Aber es vergeistigt zugleich diese Welt. . . . Wer die Idee einer Sache erfaßt hat, den zwingt nichts, nach einem weiteren ‹Ursprung› der Sache zu suchen.»[44] Wer für seine Gedanken eine andere Stütze als diese selbst notwendig hat, wem geistige Klarheit und Einsicht nicht genügt, der hat eben die Gedanken nur halb erfaßt und sucht so nach anderen Stützen seiner Ansichten: andere Menschen, die «Wissenschaft» oder Gott soll die Wahrheit verbürgen. – Daß durch solche Bürgschaft ein Gedanke oder eine Idee weder besser noch schlechter werden, leuchtet solchen Menschen nur schwer ein.

Der Mensch also bringt in seinen Lebensumständen die Idee hervor. Die Idee hat dennoch einen Grund in sich selber, innere Ordnung und forttreibende Tendenzen. Dem Menschen ist die Idee grundsätzlich in ihrer Ganzheit zugänglich, auch dann, wenn er sie nicht völlig entwikkelt und überschaut. Der Mensch lebt auch dann in der Idee, wenn er sich über die ideellen, sein Dasein orientierenden Kräfte nicht im klaren ist, sondern sie für etwas anderes (Tatsachen, göttliche Gebote usw.) hält. Es ist das Rätsel der menschlichen Existenz, daß diese in die Idee hinein entworfen ist und sich in ihr verwirklicht. Der Mensch kann als denkend Erkennender und als bewußt Handelnder weder aus der Idee noch aus der Verantwortung für sich entlassen werden, solange er die äußere Verfügungsgewalt über sich selber hat.

Stirner und Nietzsche

Die philosophische Entwicklung in Deutschland war von Kant zu Fichte, Schelling und Hegel in der gedanklichen Selbsterfassung der Individualität fortgeschritten. Mit dem Tode Hegels etwa brach diese Entwicklung in der «offiziellen» Philosophie ab. Mit dem Neukantianismus trat die an den Universitäten gelehrte Schulphilosophie in ein reaktionäres Stadium ein. Interessantere Denker wie Marx, Stirner, Kierkegaard, Nietzsche und Eduard von Hartmann trugen ihre philosophischen Erkenntnisse nicht an Universitäten vor. Darüber hinaus nahm die Naturwissenschaft, insbesondere die Deszendenztheorie, das philosophische Interesse der sich als gebildet Verstehenden in Anspruch. So hatten die Denker, die im Sinne der Selbsterfassung weiterdenken wollten, keine große Chance, gehört zu werden. Darüber hinaus trafen sie auf vielfache äußere und innere Widerstände.

In den 90er Jahren war Steiner bemüht, vergessenen oder noch unerkannten Philosophen, die sich um Selbsterfassung mühten, zur Anerkennung zu verhelfen und gleichzeitig den Zusammenhang dieses Denkens mit der naturwissenschaftlichen Erkenntnis zu pflegen. Zwei Denkern hat sich Steiner besonders gewidmet: Max Stirner und Friedrich Nietzsche. In beiden erkannte er dieselbe Grundtendenz zur Individualität und zur individuellen Wahrheit, die auch in seinen eigenen Werken deutlich ist. Steiner war es dabei weniger wichtig, die Differenzen zwischen jenen Denkern und sich zu betonen, als vielmehr die seiner Ansicht nach berechtigte Tendenz dieser Philosophen ins Licht zu rücken.

Steiner hatte versucht, das «Ich» als den Autor aller Erkenntnis nachzuweisen, und so sieht seine Philosophie die schöpferische Macht des «Ich» im Mittelpunkt der Weltgestaltung. Max Stirner war einen anderen Weg gegangen, um die Bedeutung des «Ich» zur Darstellung zu bringen. Man kann ihn als «universale Kritik aller das Ich unterdrückenden allgemeinen Mächte» bezeichnen[45]. Zu den Mächten, die das Ich unterdrücken, gehören auch die Wahrheitsansprüche der verschiedenen gesellschaftlichen Machtgruppen. Ihnen entgegnet Stirner: «Alle Wahrheiten unter Mir sind Mir lieb, eine Wahrheit über Mir, eine Wahrheit, nach der Ich Mich richten müßte, kenne Ich nicht. Für Mich gibt es keine Wahrheit, denn über Mich geht nichts! Auch nicht Mein Wesen, auch nicht das Wesen des Menschen geht über Mich!»[46] – Nach einer Schilderung dieser Gedanken Stirners fährt Steiner fort: «Dies ist Stirners Weg, man kann auch einen anderen gehen, um zur Natur des Ich zu gelangen. Man kann es bei seiner Erkenntnistätigkeit beobachten»[47], und dann folgt die Schilderung seines, Steiners, Weges zum Ich. In einem Brief an John Henry Mackay betont er, daß der erste Teil seiner «Philosophie der Freiheit» den «philosophischen Unterbau» für die Stirnersche Lebensauffassung bildet, daß der zweite Teil sich in «vollkommener Übereinstimmung»[48] mit Stirners Hauptwerk befinde.

1895 erscheint Steiners Buch: «Friedrich Nietzsche – ein Kämpfer gegen seine Zeit.» In diesem Buch stellt Steiner, indem er sich in ähnlicher Weise mit Nietzsche identifiziert, Nietzsches Welt- oder Lebensanschauung dar. Er meint: «Schon in meinem 1886 erschienenen Buch ‹Erkenntnistheorie der Goetheschen Weltanschauung› kommt dieselbe Gesinnung zum Ausdruck wie in den genannten Werken Nietzsches»[49] (Genealogie der Moral, Zarathustra, Jenseits von Gut und Böse, Götzendämmerung). In einem Brief vom Dezember 1894 schreibt er: «Ist Ihnen Nietzsches ‹Antichrist› vor Augen gekommen? Eines der bedeutendsten Bücher, die seit Jahrhunderten geschrieben worden sind! Ich habe meine eigenen Empfindungen in jedem Satz wiedergefunden.»[50] Staunend denkt der, der dieses Buch gelesen hat: geht das nicht etwas zu weit? Wie ist denn das zu verstehen? Man findet dann zum Beispiel eine Rezension Steiners über den vierten Teil des Zarathustra aus dem Jahre 1892, in welcher Steiner sich über Zarathustra lustig macht, es das «tiefsinnigeste aller oberflächlichen Bücher» und seinen Verfasser einen neuen Götzen nennt[51]. 1893 heißt es in einer anderen Rezension: «Ein Geist von so kühner grotesker Gedankenrichtung, wie Friedrich Nietzsche es ist, muß notwendig widersprechende Empfindungen in denen hervorrufen, die sich genau und liebevoll mit ihm beschäftigen. Seine unbedingten Bewunderer verstehen gewiß am wenigsten von seinen stolzen Ideen.»[52] Er schließt die Besprechung mit der Erkenntnis, das Geheimnis der Werke Nietzsches läge «darinnen, daß Krankheiten, Mißbildungen mehr zum Denken anregen als die volle frische Gesundheit. Die Krankheiten des Geistes liefern wichtige Beiträge zur Psychologie. Der Reiz von Nietzsches Ideen liegt in dem abnormen Gewande, in dem sie auftreten. ... Mir erging es mit Nietzsches Ideen folgendermaßen: Ihr Inhalt erschien mir zumeist nicht neu. Ich hatte ihn in mir ausgebildet, bevor ich Nietzsche kennenlernte. Beim Durchgange durch Nietzsches Geist kamen mir diese Ideen verzerrt, karikiert vor. Ein an sich gesunder Gedankenfluß mußte sich durch eine Felsenenge durchdrängen, die seinem ruhigen Verlaufe Gewalt antat. Nietzsche war mir nie ein philosophisches, sondern immer ein psychologisches Problem.»[52] Wichtig scheint mir an dieser am 28. Januar 1893 erschienenen Besprechung zu sein, daß sie in den Grundzügen mit den um 1900 geäußerten kritischen Ansichten Steiners über Nietzsche übereinstimmt, zugleich aber die Verwandtschaft der Gedanken Steiners und Nietzsches betont. Der 1893 skizzierte Gedankengang findet sich in dem Aufsatz: «Die Philosophie Friedrich Nietzsches als psycho-pathologisches Problem» im Jahre 1900 weiter ausgeführt.

Wie ist aber die zustimmende Interpretation Nietzsches in dem Buche aus dem Jahre 1895 zu verstehen? Wenn man das Buch in Kenntnis der bis 1895 geschriebenen Werke Steiners liest, findet man überall die früher geäußerten Ideen Steiners wieder. Steiner benutzt die Aussagen Nietzsches dazu, seine eigenen Ansichten vorzubringen. Wenn Nietzsche schreibt: «Hinter deinen Gedanken und Gefühlen, mein Bruder, steht ein mächtiger Gebieter, ein unbekannter Weiser – der heißt Selbst. In deinem Leibe wohnt er, dein Leib ist er»[53], dann kommentiert Steiner: «Wer einen Sinn hat für das Wirkliche, der sucht den Geist, die Seele in und an dem Wirklichen, er sucht die Vernunft in dem Wirklichen; nur wer die Wirklichkeit für geistlos, für ‹bloß natürlich›, für ‹roh› hält, der gibt dem Geiste ein besonderes Dasein. ... Einem solchen fehlt der Sinn für die Wahrnehmung des Geistes selbst.»[54] Das ist *Steiner*. Nietzsche sagt an der von Steiner angezogenen Stelle: «Der schaffende Leib schuf sich den Geist als eine Hand seines Willens» und «Seele ist nur ein Wort für ein etwas am Leibe». Steiner interpretiert Nietzsche also nicht. Er deutet ihn um. So geht Steiner auch auf die Problematik Nietzsches aus «Jenseits von Gut und Böse»: «Gesetzt, wir wollen Wahrheit: warum nicht lieber Unwahrheit?» ein, um schließlich den Versuch zu machen, sie im Sinne Stirners zu beantworten: Der freie Geist «betrachtet die Wahrheit nicht mehr als etwas, dem er sich unterordnet, er betrachtet sie als ein Geschöpf!»[55] und: «Es ist der Wille zur Macht, der im Erkenntnistriebe sich auslebt. (Ich habe den Erkenntnisprozeß im einzelnen dargestellt in meinen beiden Schriften ‹Wahrheit und Wissenschaft› und ‹Die Philosophie der Freiheit›.»[56] Man ist verblüfft, diese Werke durch diese Bezugnahme so gedeutet zu sehen, der weitere Gang der Darstellung macht es deutlich, daß dieser Wille zur Macht als Wille zum Selbst-Sein zu verstehen ist. Besser allerdings hätte Steiner sich verdeutlicht, wenn er statt des Wortes Macht hier «freie Selbstbestimmung» gesagt hätte. Er meint aber diese freie Selbstbestimmung keineswegs als einen Macht-Akt jenseits von Gut und Böse, es geht ihm um die sittliche Autonomie des Individuums, nicht um den hemmungslosen Amoralismus des Herrenmenschen: «Der freie Geist steht *jenseits dessen, was das Herkommen als gut und böse ansieht*. Er schafft sich selbst sein Gut und Böse.»[57] Mit diesen Worten wird die Moralität nicht geleugnet, aber als ihr einziger Urquell wird die freie Individualität gesehen.

Indem Steiner sich so mit Stirner und Nietzsche identifiziert, setzt er sich natürlicherweise Mißverständnissen aus. Diese Mißverständnisse treten dann auf, wenn man Steiners Intention, Nietzsche «ins Rechte zu denken», nicht bemerkt. Auch kann man vor dem Risiko erschrekken, das mit dem individuellen Denken verbunden ist. Sowohl in der Moral als auch in der Wissenschaft sucht man gerne nach «ewigen» Werten und Einsichten, an denen man die Gesellschaftsordnung und die Welterkenntnis orientieren kann. Steiner ist weit davon entfernt, die Naturordnung und die Möglichkeit bestimmter elementarer Verhaltensregeln zu leugnen. So antwortet er auf die Frage, wie er sich das soziale Zusammenleben freier Menschen denke: Er spreche nicht von Kindern «und auch nicht von Menschen, die ihren tierischen oder sozialen Instinkten folgen. Ich spreche von Menschen, die fähig sind, den Ideengehalt der Welt zu erleben.»[58] In solchen Einschränkungen zeigt sich, daß es Steiner in erster Linie um die Freiheit *des* Individuums geht, das aus wirklich individuellem Erleben heraus handelt. Dieses Individuelle in Stirner und Nietzsche aufzuspüren und herauszuarbeiten, war die Absicht Steiners. Indem er dieses Individuelle und nur dieses Individuelle, dessen bewußtes Erfassen so wenig geleistet wird, immer wieder betonte, steigerte sich Steiner – etwa bis zum Jahre 1900 – immer stärker in eine Einseitigkeit hinein. Solche Einseitigkeiten sind notwendig, wenn ein Prinzip deutlich in Erscheinung treten soll. Diese Einseitigkeit bedeutet auch Vereinsamung: Vereinsamung mitten im regen gesellschaftlichen Verkehr Berlins.

Grenzen und Gefahren

Man kann das bis hier Dargestellte auch unter dem Gesichtspunkt der Erkenntnisentwicklung sehen. Vor seinem dreißigsten Lebensjahr gab sich Steiner als Anhänger eines objektiven Idealismus. Mit der Abfassung der «Philosophie der Freiheit» trat das Motiv des schöpferischen Individuums stärker in den Vordergrund. Von 1895 an betont er dann, daß die Idee nicht als formale und normative Einheit objektiv ist, sondern insofern sie vom Ich in der Welt zur Erscheinung gebracht wird. In den individuellen Erscheinungsformen fand Steiner zunächst das ihm Verwandte. Soweit er selber die Tiefe der Idee entwickelt und durchdacht hatte, soweit sah und verstand er Denker wie Nietzsche.

Was sich Steiner in jener Zeit noch nicht erschlossen hatte, ist die philosophische Bedeutung anderer Menschen und das mit der Existenz anderer Menschen verbundene Phänomen der Mitteilung. Obwohl er selber in einem angeregten geistigen Verkehr lebte und seine eigenen Gedanken im Zusammenhang mit der Goetheschen Denkweise gebildet hatte, spricht er immer nur von der Gedankenproduktion durch das «Ich». Die Tatsache, daß Gedanken, Einsichten und Erkenntnisse mitgeteilt werden können, daß das «Ich» nicht in jedem Falle der Original-Autor seiner Einsichten sein muß, wird in der Philosophie Steiners vor 1900 nicht berücksichtigt, obwohl sie im menschlichen Leben von Beginn an eine allerbedeutsamste Rolle spielt. In späteren Schriften und Vorträgen hingegen findet diese Tatsache vielfältigen Ausdruck.

Steiner spricht vom «Ich-Sinn», der die andere Individualität wahrnimmt, vom Gedankensinn, der die Gedanken anderer Menschen aufnimmt, und vom «Erwachen am anderen Menschen».

Nimmt der Mensch Gedanken oder den moralisch-geistigen Eindruck, den eine Individualität ihm macht, auf und eignet er sich das Mitgeteilte an, so bereichert und erweitert er sein eigenes Leben. In der ersten Auflage der «Philosophie der Freiheit» kann man noch lesen: «Er (der Monismus) kann keinen fortdauernden übernatürlichen Einfluß auf das sittliche Leben (göttliche Weltregierung von außen) oder durch die Erscheinung Gottes auf der Erde (Göttlichkeit Christi) zulassen.»[59] Als Steiner 1918 das Buch in bearbeiteter Form neu erscheinen läßt, modifiziert er obiges und fährt fort: «Was durch alles dieses geschieht an und in dem Menschen, wird erst zum Sittlichen, wenn es im menschlichen Erlebnis zu einem individuellen Eigenen wird.»

Hiermit ist auf die spätere Entwicklung Steiners vorgegriffen worden; nicht nur um anzudeuten, wo die Lösung der Probleme zu suchen ist, sondern auch um die Bedeutung der «radikalen» Phase deutlicher herauszuarbeiten: die Steigerung der eigenen Individualität in der Isolierung, der Verzicht auf jedes Wert- und Normensystem, die – hier nicht dargestellte – Anerkennung der naturwissenschaftlichen Erkenntnis, alles dies ist *Schicksal der Menschen im 20. Jahrhundert*, wenn sie nicht unabweisbaren Fragen auszuweichen trachten. Diese Bewußtseinssituation schließt auch die Ferne vom Christentum in sich. Eine innere Entwicklung zur Anerkennung des Christentums aus dieser Bewußtseinslage heraus könnte für Menschen des 20. Jahrhunderts exemplarisch sein. Niemandem ist dadurch geholfen, daß man ihm von einem «höheren» Standpunkt aus Wege zeigt, wenn diese Wege nicht im eigenen Leben gegangen worden sind.

Schließlich kann man fragen, was die Episode Stirner-Nietzsche in der inneren Biographie Steiners bedeutet. In Nietzsche hat der radikale Nihilismus zum ersten Male Gestalt gewonnen. Jede Überlieferung wird durch diesen «unheimlichsten aller Gäste» in Frage gestellt, alle Werte werden entwertet. Es gibt keine Objektivität, keine bergende Gewißheit mehr. Warum, so fragt Nietzsche, Wahrheit, warum nicht lieber Lüge? – Was geschieht mit dem, der auf diese Weise die Nichtigkeit der Weltordnung erfährt? – Steiner beschreibt es mit folgenden Worten: «Für den hat diese Welt ihre absolute Standfestigkeit, ihren unbedingten Wert verloren. Nicht stumpf brauchen seine Sinne und seine Gefühle zu werden. Aber sie fangen an, an ihrer unbedingten Herrschaft zu zweifeln, sie lassen Raum für etwas anderes. Die Welt des Geistes fängt an, diesen Raum zu beleben. Eine Möglichkeit bietet sich hier, die fruchtbar sein kann. Es ist die, daß der Mensch seine Empfindungen für die unmittelbare Wirklichkeit verliert und sich keine neue vor ihm auftut. Er schwebt dann wie im Leeren. Er kommt sich wie abgestorben vor. Die alten Werte sind dahin, und keine neuen sind ihm erstanden. Die Welt und der Mensch sind dann für ihn nicht mehr vorhanden. Das ist aber gar nicht eine bloße Möglichkeit. Es wird für jeden, der zu höherer Erkenntnis kommen will, einmal Wirklichkeit. Er langt da an, wo der Geist für ihn alles Leben für Tod erklärt. ... Er vollzieht die Hadesfahrt. Wohl ihm, wenn er nun nicht versinkt, wenn sich vor ihm eine neue Welt auftut. Er schwindet dahin oder er steht als Verwandelter neu vor sich.»[60]

Diese Worte aus dem Jahre 1902 können als eine bildhafte Deutung der inneren Erfahrung Steiners gelten. In ihnen wird der Ort aufgezeigt, den die Erfahrung Nietzsche für die persönliche Entwicklung Steiners hatte. Die philosophische Position Nietzsche – die bodenlose Freiheit und der radikale Nihilismus – ist heute nicht nur Philosophie: sie ist die beherrschende Tatsache unserer europäischen Existenz geworden. Es fragt sich, ob der ethische Individualismus im Sinne Steiners eine Möglichkeit bietet, die Krise, in die das europäische Leben gestellt ist, zu überwinden.

Nach der Jahrhundertwende. Historische Situation

1835 war David Friedrich Strauß' Werk «Das Leben Jesu – kritisch bearbeitet» erschienen. Mit diesem Werk begann die scharfe Bibelkritik. Diese Bibelkritik, die mit den Mitteln der historischen Quellenkritik arbeitet, wirkte sich auf die Theologie der Jahrhundertwende aus und fand ihren klassischen Niederschlag in Harnacks «Das Wesen des Christentums». Ein anderer Exponent dieses Denkens ist Arthur Drews mit seinem zweibändigen Werk «Die Christusmythe» (1909, 1911).

Unter Anwendung der historisch-philologischen Kritik kommen nicht nur die Widersprüchlichkeiten und problematischen Überlieferungen der Evangelien an das Licht, vielmehr zeigt sich auch, daß der heutige Glaubensinhalt keineswegs originell ist: Er stammt aus den Quellen der hellenistischen Mysterienreligionen, des Neuplatonismus und der Gnosis, aus der jüdischen Überlieferung und nicht zuletzt aus dem Essenertum. Die Gestalt und Lehre Jesu ist mit Hilfe dieser früheren Anschauungen gesehen und interpretiert worden, gnostische Mythen und neuplatonische Philosophie boten ebenso wie jüdische Lehren das begriffliche Rüstzeug, durch das Gestalt und Lehre Jesu der Welt der Antike verständlich gemacht wurde. Damit aber verschwand die Gestalt und Lehre Jesu in der Gewandung der antiken Tradition. Joseph Klein stellt heute diesen Sachverhalt so dar: «Die Art jedoch, wie angesichts einer gefährlichen und feindlichen Umgebung die Sache des Glaubens der Christen von diesen ersten Schriftstellern als Lehre dargelegt wurde, sollte der Verkündigung einen Stempel aufdrücken, der nicht nur nicht ohne Einfluß auf ihre ursprüngliche Gestalt bleiben konnte, sondern auch ihren Gehalt alterierte.»[61] Und ein anderer Forscher, Carl Schneider, kommt schließlich zu dem Ergebnis: «Über den genauen Inhalt seiner (Jesu) Lehre ist keine volle Klarheit zu gewinnen, da die Hauptquellen sich vielfach widersprechen und Jesusworte ganz entgegengesetzt überliefert sind.»[62] Die ältesten erhaltenen dokumentarischen Zeugnisse sind Briefe des Paulus (51/52 n. Chr., die Briefe an die Thessaloniker). Paulus aber kann nicht als Augenzeuge der Ereignisse in Palästina gelten, er ist Jesus auf Erden nicht begegnet. Schon aus seinen Briefen wird der heftige Konflikt deutlich, in dem sich schon die ersten Anhänger Jesu untereinander befanden, wenn es um die rechte Auffassung des Christentums ging. Historisch hat sich die Auffassung Paulus' durchgesetzt, aber das muß nicht ihre Richtigkeit beweisen. – So muß man sagen, daß sowohl zur Zeit der Jahrhundertwende wie auch heute ein historisch-philologisch sicherer Weg nicht zur Gestalt und Lehre Jesu führt. Man mag dann vielleicht Ansichten hegen, wie sie in den Worten Adolf von Harnacks zum Ausdruck kommen: «Was sich auch immer am Grabe und in den Erscheinungen zugetragen haben mag – eines steht fest: von diesem Grabe her hat der unzerstörbare Glaube an die Überwindung des Todes und an ein ewiges Leben seinen Ursprung genommen.»[63]

In diesem Argumente Harnacks zeigt sich die Möglichkeit, vom Glauben auf das Wunder, auf den Tatbestand zu schließen. In der Tat nimmt man vielerorts Glaube und Tradition schon für die Sache selber und bedient sich ihrer nach eigenem Ermessen. Rudolf Bultmann dürfte recht haben mit der Bemerkung, daß dieser liberale Umgang mit dem Evangelium «keineswegs das unlebendige Residuum einer vergangenen Epoche ist, das nicht mehr ernstgenommen zu werden brauchte»[64].

Wer sich dieser verbreiteten Haltung, deren Problematik auf der Hand liegt, nicht anschließen will, wer mit der Geschichtsforschung einsieht, daß ein historischer Weg zur Anerkennung der Wahrheiten des Christentums nicht gangbar ist, der muß sich fragen, ob es überhaupt einen Weg gibt, der ohne das Opfer der intellektuellen Redlichkeit zu dem führt, was der Grund des Christentums ist.

Steiners Weg ins Christentum

Die persönlichen Erlebnisse und Wegerfahrungen Steiners auf seinem Weg ins Christentum sind unbekannt und wohl auch unzugänglich. Vielleicht gibt es sie in dem Sinne, wie sie mancherorts vermutet werden, auch gar nicht. Steiner war kein Visionär, sondern ein wissenschaftlich und philosophisch orientierter Mensch, dessen Lebensdrama sich als Erkenntnisdrama abspielte. Das Prinzipielle seines Weges – so wie es sich auf Grund der Schriften und Vorträge darstellt – kann sehr wohl nachgezeichnet werden, und auf dieses Prinzipielle kommt es hier an. Allerdings gerät die Darstellung in diesem Bereich in eine mißliche Lage, da die zu beschreibende Entwicklung nunmehr immer weniger philosophisch-allgemein ist. Sie spielt sich als biographischer Lebensvorgang ab. Dieser Vorgang kann zwar angedeutet werden, aber es ist nicht damit getan, ihn nur zu begreifen. Man kommt hier in das Gebiet, von dem schon Angelus Silesius sagt:

> «Freund, es ist auch genug. Im Fall du mehr willst lesen,
> So geh und werde selbst die Schrift und selbst das Wesen.»

Die erste Schrift Steiners, die nach der Gebirgswanderung durch die Engpässe der Philosophie den Ausblick in eine neue und doch bekannte Welt zeigt, ist «Die Mystik» (1901). Dieses Werk steht unter dem Motto «Erkenne dich selbst!»[65] und deutet dadurch *Fortgang wie*

Wendung des Steinerschen Weges an. Das Selbsterkennen ist kein Geschäft der bloßen Betrachtung, der Innenschau. Die Innenschau, das Selbstzergliedern fördert nichts wesentlich Neues zu Tage. Will man zum Beispiel wissen, wie man bisher die Welt angeschaut hat, so erfährt man das am besten, wenn man sich in ganz andere Anschauungsweisen vertieft, und dann wird – so wie durch das Erlernen einer fremden Sprache die Muttersprache neu gesehen wird – die eigene Anschauungsart in ihrer Eigenart sichtbar.

Erschien im Verlaufe der bisherigen Betrachtung das «Ich» als der Produzent der Erkenntnis, als der Verbreiter des Lichtes in der Welt, so wird in der Selbsterkenntnis nun das Erkennen gegen dieses Ich und seine Produktion gewendet. Die Welt des Ich, vom Denken als Idee geschaffen, ist ein Tatbestand, der nicht geleugnet werden kann. *In sich* ist diese Welt der Idee zusammenhängend, und eine Idee trägt die andere, in der Logik zeigen sich die Spuren der Gesetzlichkeit des Denkens. Woher aber hat das Ich diese Gesetzlichkeit und Gedankenordnung? Man stellt, wenn man so fragt, die Frage nach dem Grunde des Denkens. Diese Frage zweifelt nicht an Logik und Gedankenordnung, die sich im Denken zeigen, sie fragt nicht nach dem, *was* gedacht wird, sie staunt vielmehr über die Tatsache, *daß* gedacht wird. Daß gedacht wird, ist keineswegs selbstverständlich! Wie oft erlebt man es doch im Alltag, daß *nicht* gedacht wird, daß nicht verstanden wird! Wie kommt es also, daß Menschen denken?

Der Grund des Denkens ist nun nicht mehr bloß allgemein und theoretisch erfaßbar, er ist ein praktisches und kein nur theoretisches Problem. – In der «Philosophie der Freiheit» findet sich eine äußerst merkwürdige Passage im 2. Kapitel. Diese Passage hat die Aufgabe, die im 3. Kapitel anhebende Beschreibung des Denkens vorzubereiten. Steiner schreibt: «Wir wollen aber hinuntersteigen in die Tiefen unseres eigenen Wesens, um da jene Elemente zu finden, die wir hinübergerettet haben bei unserer Flucht aus der Natur.»[66] Im folgenden Kapitel wird dann das Denken als jenes Element beschrieben, das bei der «Flucht aus der Natur» hinübergerettet worden ist. Wohin gerettet? Die Antwort, die Steiner im 2. Kapitel der «Philosophie der Freiheit» gibt, lautet: in das Bewußtsein, in das «Ich».

Nimmt man diese Deutung, diesen Mythos einmal hin, so kann er Hinweise geben, die zu einer Antwort auf die Frage nach dem Grunde des Denkens führen. Man kann sich dem «Grund des Denkens» nähern, wenn man sich in das Phänomen *der Frage* vertieft. Es wird in vielerlei Weise gefragt. Die konventionelle Frage «Wie geht es Ihnen?» steht neben der «Frage nach Gott». Hier sei nur von jener elementaren Frage die Rede, die wirklich eine ist: «Wie sehen Sie denn aus?» fragt man, wenn einem *auffällt*, wenn man *bemerkt*, daß jemand bleicher, magerer ist, als wir es gewohnt waren. Oder man hört einen Bericht und man *bemerkt* vielleicht in sich das unbestimmte Gefühl: da stimmt etwas nicht, und man beginnt sich zu fragen: Was stimmt nicht? – In diesem Sinne entstehen Fragen im Augenblick des bemerkenden Bewußtwerdens, in dem Augenblick, da man sich einem Nichtverstandenen, Rätselhaften *gegenüber* weiß. Der Trieb, hier nun weiter zu kommen, das Unverstandene zu verstehen, ist ein Grund des Denkens.

Wann aber fällt uns etwas auf? Uns fällt für gewöhnlich dann etwas auf, wenn in unseren eigenen Erfahrungen, unseren Freuden und Leiden etwas vorhanden ist, was uns die Augen für jenes fragwürdige Phänomen öffnet. Mitleid und Mitfreude, auch Angst, Sorge und Hoffnung lassen uns Dinge bemerken. Mitleid entwickeln können wir aber deswegen, weil wir irgendwie Ähnliches erlebt und erfühlt haben. Es ist in diesem Sinne also die eigene Biographie, die eigene Erfahrung, die das Interesse an der Welt weckt, die uns fragen läßt. – Nun sind nicht nur alle Biographien verschieden, sondern auch der Einsatz, mit dem jeder einzelne seine Erfahrungen macht. – An dieser Stelle kann der einzelne allerdings eingreifen: die Aufmerksamkeit kann angeregt, die Beobachtungsgabe geschult, die Lebensumstände können so eingerichtet werden, daß man mehr erfährt, erlebt: kurz, man kann das eigene Leben so kultivieren, daß es zum Organ der Erfahrung wird. Steiner hat in dem Buche: «Wie erlangt man Erkenntnisse der höheren Welten?» eine Vielfalt von Verhaltensweisen geschildert, die das Leben in diesem Sinne zum Organ der Erfahrung machen. Dabei ist das Entscheidende, daß man sich neue Gewohnheiten anzueignen trachtet, weil eben durch die neuen Gewohnheiten *Änderungen* eintreten, *durch die* eine neue Welt wahrnehmbar wird.

Durch diese Bemerkungen wird deutlich, was Selbsterkenntnis heißt: sich selber so verändern, daß die Welt durch neue Erfahrungen zu uns sprechen kann.

Der Prozeß, der durch die Selbsterkenntnis eingeleitet wird, verhält sich zu dem Prozeß der Weltbestimmung durch das Denken also gegenläufig. Im Erkennen der Welt bestimmt das Ich die Welt, in der Selbsterkenntnis erweitert das Ich seinen Erfahrungsbereich, um immer mehr Welterfahrung aufnehmen zu können. Durch die Welterkenntnis findet man das Ich in der Welt, durch die Selbsterkenntnis bildet man die Welt im Ich[67].

Auf diese Entdeckung der Welt im Ich hat Steiner schon 1892 in einer in unserem Zusammenhang äußerst interessanten Weise hingewiesen; und zwar so, daß er nicht nur die Geschichte des Individuums, sondern die menschliche Stammesgeschichte als Organ des Erkennens deutet: «Wer im Individuum den Allgeist, im Einzelwesen die Summe der Existenzen, die dasselbe zu durchlaufen hat, erkennen will, der muß vor allen anderen Dingen begreifen, daß dies nur durch Vertiefung in sein Inneres geschehen kann, nicht durch eine äußerliche Betrachtungsweise. Wer seine eigene Individualität als Menschenwesen versteht, der findet alle niederen Daseinsformen in sich, er sieht sich als oberstes Glied einer weiten Stufenleiter, er weiß, wie alles andere lebt, wenn er es nachzuleben, wiederzuerleben versteht. Ein höheres Leben vermag jedes niedere in sich aufzunehmen und in seiner Art wieder zu vergegenwärtigen. Darauf beruht die Möglichkeit des Verstehens der Welt durch den Menschen.» «So meint es die Esoterik.»[68] Die Geschichte des Menschen wird so von Steiner als der *Realgrund* des Verstehens, Denkens und der daraus erwachsenden Begriffe gedeutet. In der Erinnerung bringt sich der Mystiker diese eigene Vergangenheit zur Gegenwart. Dadurch kann er auch verstehen, wieso er in der Tierwelt etwas erblicken kann, was in veräußerlichter Form die Gesten seines eigenen Wesens vergegenständlicht. Die Stammesgeschichte der Menschheit wird ihm zu einem innerlich konsequenten Fortschreiten, indem durch Metamorphose sich ein Typus aus dem anderen entwickelt. Die Lücken der empirischen Erfahrung werden in der mystischen Selbsterkenntnis durch denkendes Fortschreiten überwunden, und die Idee der Menschwerdung hält als inneres Band die gesamte Evolution zusammen. –

In der aktiven Selbsterkenntnis zeigt sich aber nicht nur das Vergangene als wirkliche Er-Innerung des Geistes, ebenso wichtig und bedeutsam ist das Ergreifen des Gegenwärtigen und Künftigen. 1901 betont Steiner: «Nicht bloß zurückschauen auf die schon vorliegende

Entwicklung darf der Mensch und das, was sich in seinem Geiste nachbildet, als das Höchste ansprechen, sondern vorschauen muß er auf Ungeschaffenes, ein Anfang eines neuen Inhalts muß seine Erkenntnis sein, nicht ein Ende eines vor ihr liegenden Entwicklungsinhalts. Die Natur schreitet vom Wurm zum Säugetier nicht in einem begrifflichen, sondern in einem wirklichen Prozeß. Der Mensch soll diesen Prozeß in seinem Geiste nicht bloß wiederholen. Die geistige Wiederholung ist nur der Anfang einer neuen wirklichen Entwicklung, die aber eine geistige Wirklichkeit ist.» Der Mystiker «gebiert in sich den Geist, und dieser Geist schreitet von da an fort von Entwicklungsstufe zu Entwicklungsstufe»[69].

Die Fortentwicklung der Menschen ist ein Vorgang, den man ständig im Leben beobachten kann, jegliches *Lernen* ist eine solche Weiterentwicklung der Menschen. Besonders leicht erkennbar aber ist das hier Gemeinte beim künstlerischen Schaffen. Der Künstler will etwas noch nie Dagewesenes hervorbringen, er beginnt ein Bild zu malen. Doch vielleicht schon bevor die Arbeit beendet ist, sieht er, daß es nicht das geworden ist, was er hervorbringen wollte, und er beginnt von vorne, immer aufs neue, bis endlich jenes Neue und nie Dagewesene geworden ist, das der ahnenden Phantasie seinen Ursprung dankt. Aber auch der Handwerker, der Ingenieur fühlt jenen Drang zur Verbesserung und Vervollkommnung seiner Produkte in sich. In anderer Weise erscheint ein verwandtes Phänomen beim Reden der Menschen. Menschen haben das Bedürfnis, sich mitzuteilen und verstanden zu werden, ebenso möchte man den anderen Menschen verstehen, und ständig nehmen wir die Gedanken anderer Menschen in uns auf. Auf diese Weise streben Menschen natürlicherweise danach, ihr Selbst in der Welt leben zu lassen und andere Menschen in sich zu erleben. Das «Ich» *weitet* sich so nach außen *und* innen. – 1901 lenkt Steiner die Aufmerksamkeit auf diese Tendenz, indem er formuliert: «Der Mensch wäre nicht Mensch, wenn er nicht abgeschlossen wäre als Ich von allem anderen; aber er wäre auch nicht im höchsten Sinne Mensch, wenn er nicht als solch abgeschlossenes Ich auch sich heraus wieder sich zum All-Ich erweiterte.»[70] – Auch dieser Prozeß des täglichen Lebens ist unbegrenzter Steigerung fähig. Insofern er sich dem Mitmenschen, dem Nächsten zuwendet, finden sich gerade in den Evangelien zahlreiche Hinweise zu seiner Verwirklichung.

Deutet man das Leben in der engeren Selbstheit und Beschränkung auf die einfachsten Interessen und Lebensbedürfnisse als ein Leben niederer Art im engen Kreise, so kann man das höhere Leben, das das Ich gewinnt, welches in der Welt und für die Mitmenschen lebt, als Steigerung in Richtung des All-Lebens deuten. In und durch das All-Leben gewinnt der Mensch auch höhere Erkenntnisse. 1899 hat sich Steiner zum ersten Male zu dieser Frage im Zusammenhang mystischer Erkenntnis geäußert. Es handelt sich hier um den Aufsatz: «Goethes geheime Offenbarung».

Besonders in der ursprünglichen Fassung des Aufsatzes von 1899 ist dieses Motiv deutlich zu erkennen. Dort heißt es: «Der Mensch muß als einzelner absterben, um als höhere Persönlichkeit wieder aufzuleben.»[71] Steiner führt dies Motiv breit aus an Hand von Worten Jakob Böhmes und Goethes: «Stirb und Werde» und «Man muß seine Existenz aufgeben, um zu existieren» [71]. Damit ist das mystische Motiv von Tod und Wiedergeburt aufgetreten. Ebenso tritt in diesem Aufsatz die Idee einer neuen verwandelten Welt auf: «Die Verwandlung, die alle Dinge für unseren Geist erfahren, wenn sie von dem Lichte der Erkenntnis beleuchtet werden, wird symbolisiert durch die Verwandlung, welche die Dinge durch das Licht der Lampe erfahren. Steine verwandelt dieses Licht in Gold, Holz in Silber ...»[72] Die Wandlung der eigenen Seele ist als realer Vorgang schmerzlich und langwierig. Zentral steht in ihr das Absterben eines alten Menschen und die Geburt eines neuen. In diesem neuen Menschen lebt das Wesen der Welt geistig, das Wissen wird *Leben*. Es ist das Referat eines Vortrages vom 15. Oktober 1902 erhalten, in dem Steiner an den jüngeren Fichte anknüpfend dieses so formuliert: «In diesem Punkte lebt der Mensch nicht nur in seiner Naturerkenntnis, in diesem Punkte verwirklicht er und lebt er das Göttliche, das Schöpferische, an diesem Punkte geht die Philosophie in die Theosophie über!»[73] – Eine solche Theosophie ist also nicht etwa eine *Erkenntnis* des Göttlichen nur, sondern sie ist selber göttlicher Natur. Mit diesem göttlichen Erkenntnislichte erst kann der Mensch überhaupt wagen, sich den Geheimnissen des Göttlichen zu nähern. Hier liegt der Grundfehler des meisten von dem, was sich Theologie und Bibelforschung nennt: daß sie entweder mit einem unverwandelten Denken oder unter weitgehender Ausschaltung des logischen Denkens Gott zum Gegenstand der Betrachtung machen wollen. Ein solches Betrachten gleitet aber auch dann vom Gegenstand der Betrachtung ab, wenn es von frommen Gefühlen begleitet wird. Gleiches wird nur von Gleichem erkannt, das meint Steiner, wenn er Goethe und Böhme zitierend 1899 schreibt: «Wär' nicht das Auge sonnenhaft, wie könnten wir das Licht erblicken? Lebt in uns nicht des Gottes eigne Kraft, wie könnt uns Göttliches entzücken?» – «So wie die Lampe (des Alten) im Dunkeln nicht leuchtet, so leuchtet das Licht der Wahrheit, der Erkenntnis denen nicht, die ihm nicht die geeigneten Organe, das innere Licht, entgegenbringen.»[74]

Das geeignete Organ zur Erkenntnis höherer Wahrheiten ist nie die bloße Reflexion, es ist vielmehr das Leben, das als seelisches Leben bewußt das Leben der Welt, das All-Leben, mitlebt und sich als Glied *und* Spiegel dieses Lebens weiß.

Was hier Mystik oder Selbsterkenntnis genannt wird, ist ein Lebensprozeß, in dem sich drei verschiedene Momente aufzeigen lassen:

Erstens: Der Mensch «erinnert» sich seines eigenen Geistes, er erfährt dabei, daß sein Geist, seine Individualität aus der Welt geboren worden ist, er sieht sich am Ende einer stufenweisen Entwicklung, die er im Geiste wiederholt, mitlebt.

Zweitens: Indem sich der Mensch auf seine eigensten und wahren Tendenzen besinnt, erfühlt er in ihnen den Willen, das eigene, aber kleine Selbst zum All-Ich zu weiten. Er gibt seine Existenz auf, um zu existieren.

Drittens: Durch diese neue Existenz gewinnt er eine neue Erkenntnis, er erwacht aus dem Traum der Selbstheit zum Lichte, das der Geist der Welt in ihm schafft.

Eine frühere Mystik hat diese Prozesse mit bestimmten Namen belegt, auf diese Namen kommt es nicht an. Deutlich aber ist, daß es sich bei diesen drei Vorgängen einmal um das Geheimnis der geistigen Geburt, dann um das handelt, was der mystische Tod genannt wird, und schließlich um die Wiedergeburt durch den Geist.

In dem Werke «Die Mystik», auf das im Vorangegangenen Bezug genommen worden ist, hat sich das Tor für eine mögliche Geisterkenntnis geöffnet. Veranlagt ist es schon in der «Philosophie der Freiheit», da auch dieses Werk aus den Fundamenten der Selbsterkenntnis erwachsen ist. Ein Jahr nach der «Mystik» erscheint das Werk «Das Christentum als mystische Tatsache». In dem Buche über die Mystik wird das Wort Mystik ziemlich gleichbedeutend gebraucht mit dem Worte Selbsterweckung oder Selbsterkenntnis. Mystik ist der Weg der inneren Erfahrung. Der Titel «Das Christentum als mystische Tatsache» besagt also: Das Christentum als Tatsache der inneren Erfahrung. Das kommt auch in der oben schon zitierten Widmung zu diesem Buche zum Ausdruck: «Der Verfasser dieses Buches war bemüht, die Natur des Geistes zu erforschen, wie der Naturforscher den Geist der Natur erforschen will.»[23] Steiner selbst hat verschiedentlich betont, zuletzt noch in seiner Autobiographie 1925, daß ihm die Wahl des Titels «als mystische Tatsache» wichtig ist[75].

Nicht mit den Mitteln üblicher historischer Forschung soll über das Christentum Licht verbreitet werden. Charles Lyell hat für die Geologie die Forderung aufgestellt, nicht mit hypothetischen Kräften und willkürlichen Umwälzungen die Entstehung der Erdrinde zu erklären, sondern durch heute und hier beobachtbare Vorgänge. So wollte auch Steiner den geistigen Gehalt des Christentums nicht durch hypothetische Annahmen, sondern durch Erforschung des Geistes selbst, d. h. durch eine Untersuchung des geistigen Werdeganges des Menschen und der Menschheit verstehen. Es ist eine bekannte Tatsache, daß ein Chemiker, der weniger Englisch kann als ein Dolmetscher, in der Regel besser einen auf chemische Sachverhalte bezogenen Text aus dem Englischen übersetzen kann als dieser und auch in der Lage ist, seinen Gehalt zu beurteilen, denn er verfügt über die notwendige Sachkenntnis. Ebenso, meint Steiner, muß der Erforscher geistig-göttlicher Tatbestände ein sachlicher Kenner des Göttlich-Geistigen sein. Nicht die Hebräisch- oder Griechisch-Kenntnisse noch das Studium der Kirchenväter verbürgen das Verständnis für religiöse Urkunden, sondern allein die Kenntnis der in Rede stehenden Sachverhalte. So sagt Steiner:

«Auch der Naturforscher, der das Wesen des ‹Menschen› erforschen will, verfolgt nicht, wie das Wort ‹Mensch› entstanden ist und wie es sich in der Sprache fortgebildet hat. Er hält sich an die Sache, nicht an das Wort, in dem die Sache ihren Ausdruck findet. Und im Geistesleben wird man sich an den Geist und nicht an die äußeren Dokumente zu halten haben.»[75a]

Die Erforschung des Geistes kann nicht mit der Erforschung des Weltanfanges oder Gottes beginnen. Der Mensch muß mit dem beginnen, was ihm das Nächste ist: mit sich selbst. Wie oben angedeutet, ist die Selbsterforschung immer eine Selbstverwandlung. Durch die Selbstverwandlung, die als mystischer Vorgang im alltäglichen Leben sich in unscheinbarer Weise abspielen kann, gewinnt man Erkenntnisse, die einen inneren Zusammenhang mit dem haben, was den Inhalt der Religion ausmacht. In dem Buche «Das Christentum als mystische Tatsache» ist nun der Versuch gewagt, mit diesem Lichte äußere Tatsachen oder als äußerlich wirklich berichtete Tatsachen zu beleuchten. Es geht also nicht mehr um die Schilderung der von den Mystikern mystisch erlebten Vorgänge, man tritt vielmehr in den Bereich der Geschichte. Die übliche Geschichtsforschung gibt sich der mühsamen Aufgabe hin, den tatsächlichen Ablauf der Ereignisse, die Intentionen der Handelnden zu rekonstruieren und zu beschreiben. Schon Nietzsche hat in seiner zweiten «Unzeitgemäßen Betrachtung» darauf aufmerksam gemacht, daß der bloße historische Sinn die Schaffenskraft des Menschen lähmt und daß die antiquarische Neugierde den Menschen nicht bessert und wandelt. In diesem Sinne dringt man auch nicht in die Tiefe der Geschichte ein. Will sich nicht nur der Herren eigner Geist in der Geschichte bespiegeln, dann muß der Mensch erst etwas in sich erwecken, das ihn in die *lebendigen* geschichtlichen Vorgänge eindringen läßt. Sehr bequem ist es, historische Ereignisse am Maßstab des eigenen Wissens zu messen und das, was in den eigenen Kopf nicht hineingeht, wegzudisputieren. Man kann sich dabei sogar der Ehrlichkeit rühmen.

Wenn Steiner nun die Mysterien des Altertums und Inhalte der Evangelien schildert, so geschieht das so, daß er die auch heute zu durchlebenden Seelenprozesse schildert, die zur Erfassung der in Rede stehenden Tatsachen führen. Denn ebensowenig wie ein Geometriebuch von jemandem verstanden werden kann, der keine Geometrie beherrscht, so können z. B. die antiken Mysterien von niemandem wirklich verstanden werden, der die in ihnen geschilderten Vorgänge nicht in irgendeiner Form durchmacht. Ob die heutigen Erlebnisse zusammenstimmen mit denen, die in den Mysterien geschildert werden, kann ebenso ermittelt werden, wie ein Mathematiker einen mathematischen Gedankengang der Antike beurteilen kann. «Niemand kann die historische Wahrheit solcher Urkunden, wie es die Evangelien sind, richtig erkennen, der nicht zuerst den in ihnen liegenden mystischen Sinn in sich erlebt hat.»[76]

Steiner beginnt sein «Christentum als mystische Tatsache» mit einer Schilderung antiker Mythen und Mysterien. Ein Forscher der Gegenwart schildert sie so: «Alle Mysterien gründen sich auf einen als göttliche Offenbarung verkündeten Hieros logos (= heiliges Wort), der die Menschwerdung, das Leiden und Sterben, die Auferstehung oder die göttliche Erhöhung des Kultgottes zum Inhalt hat.»[77] Die Mysten wurden durch Teilnahme an den Mysterien der Unsterblichkeit oder der Verbundenheit mit dem Gotte gewiß. Diese Mysterien aber waren geheim und nur für wenige Auserwählte zugänglich.

Man erkennt aus solchen Andeutungen, die über den Inhalt der Mysterien gemacht werden, daß es sich dabei immer um einen Prozeß, um ein Geborenwerden, um Sterben und Auferstehen handelt. Als Kultdrama oder Mythos wurde dieser Prozeß auch in Volksreligionen für diejenigen zur *Anschauung* gebracht, die den Mysterien nicht teilhaftig waren. In den Mysterien *erlebte* der Myste aber das, was in Bildern dem Volke gezeigt wurde, als inneren *Seelen*vorgang. Dieser Seelenvorgang war ihm eine erste Stufe der Deutung des Bild-Dramas der Volksreligion. Was der Myste erlebte, will Steiner verdeutlichen in dem Kapitel: Mysterien und Mysterienweisheit. Steiner zitiert Xenophanes: Ein Gott ist unter den Göttern der größte und unter den Menschen, weder im Körper den Sterblichen ähnlich noch gar an Gedanken. Steiner kommentiert: «Dieser Gott war auch der Gott der Mysterien. Einen ‹verborgenen Gott› konnte man ihn nennen. Denn nirgends ist er für den bloß sinnlichen Menschen zu finden.» Auch der Verstand findet ihn nicht. «Wo ist Gott? Das war die Frage, die den Mysten brannte. Gott ist nicht, aber die Natur ist. In der Natur muß er gefunden werden. In ihr hat er sein Zaubergrab gefunden.» – «Er hat sich in die Mannigfaltigkeit der Naturdinge zerstückelt, sie leben und er lebt nicht. Er ruht in ihnen. Und der Mensch kann ihn erwecken. Soll er ihn zum Dasein kommen lassen, muß er ihn schaffend erlösen.»[78] Indem der Mensch geistig in sich die Welt aus der Kraft der Seele neu schafft und ihr Verborgenes in sich gebiert, ersteht in der Seele der *Sohn* des im Verborgenen ruhenden Vaters. Mit der frei geschaffenen Erkenntnis, in der eine *neue* Welt geboren wird, ist nur die mystische Erkenntnis gemeint. «Die mystische Erkenntnis ist damit ein wirklicher Vorgang im Weltprozesse. Sie ist eine Geburt Gottes.»[79] Mit dieser Geburt meint Steiner dasselbe, was er in der «Philosophie der Freiheit» als Erwachen dargestellt hat. Die Erkenntnis ersteht durch das Ich, im Ich. Dieses Ich «kann nicht durch Erfahrung gefunden, sondern nur durch freie Intuition erzeugt werden»[80] – die Bildersprache der Mysterien nennt das «eine jungfräuliche Geburt». Schon 1893 war es Steiner klar: «Wer diese Intuition zu erzeugen vermag, der merkt alsbald, daß er damit nicht einen Akt seines einzelnen, zufälligen Bewußtseins vollzogen hat, sondern einen kosmischen Prozeß.»[80] Was aber der Myste mit der Geburt des Göttlichen in sich durchmacht, ist nur der Anfang eines langen Weges.

Das Neue in dieser Darstellung ist ihre Bildhaftigkeit. Was in der Sprache der Philosophie die «unbestimmte Welt» oder die «reine Wahrnehmung» genannt wurde, ist hier die Natur, in der der Gott zerstückelt sein Zaubergrab gefunden hat. Die Erkenntnis, die wirklich frei, nur aus dem Innern, der reinen Jungfrau also, geboren wird, ist der «Sohn Gottes»[79]. Rückschauend erkennt man, warum in der Philosophie Steiners das Motiv der freien, nur aus sich bestimmten Individualität solch breiten Raum einnimmt und warum alle Versuche, die individuelle Erkenntnis von außen zu bestimmen, zurückgewiesen werden: eine nicht individuelle Erkenntnis wäre keine «jungfräuliche Geburt». Gleichzeitig ist aber zu beachten, was nunmehr sich durch die Bildhaftigkeit der Sprache andeutet: Man könnte meinen, solche Bildhaftigkeit sei bloße Allegorie, Illustration der Philosophie für das Volk. Daß die Bildhaftigkeit diesen illustrierenden Nebeneffekt haben kann, braucht nicht geleugnet zu werden. Dennoch handelt es sich in Wirklichkeit um etwas anderes. Überall dort, wo der Gedanke aus der reinen Abstraktion heraustritt und aus *eigener Kraft* freie Bilder schafft, deutet sich an, daß dieser Gedanke eine neue Stufe der Wirklichkeit erreicht. Eine Seite dieser Verwirklichung ist seelischer Art:

In der Seele des sich entwickelnden Menschen werden die Intuitionen so kräftig, daß sie wirklich bewußt erlebt werden; damit gestalten sie das Seelenleben neu und die Gestaltung ist bildhaft. Diese Bilder sind immer individuell verschieden getönt. Zum anderen aber erkennt ein bildhaft werdendes Denken in den Strukturen der Außenwelt oder in den historisch überlieferten Vorgängen ebensolche Bildhaftigkeit und weiß sie auf Grund der eigenen, inneren Erfahrung zu deuten.

Ein Beispiel dieser Betrachtungsweise ist Steiners Darstellung des Lazarus-«Wunders». 1901 beschreibt Steiner in der «Mystik» den mystischen Tod noch in philosophischer Sprache: «Man soll in sich vernichten, was als Besonderheit erscheint: dann hört das Sonderdasein auf; das All-Leben zieht in uns ein. Wir können uns nicht dadurch des All-Lebens bemächtigen, daß wir es an uns heranziehen. Es kommt *in* uns, wenn wir das Einzelsein in uns zum Schweigen bringen.»[81] – Steiner sieht nun in der Krankheit des Lazarus, die eine Krankheit «nicht zum Tode», sondern «zur Erscheinung Gottes ist, daß der Sohn Gottes dadurch offenbar werde», einen solchen Vorgang, der nur aus der mystischen Erfahrung heraus gedeutet werden kann. Es wäre, so meint Steiner, «eine Trivialität, zu glauben, Jesus habe sagen wollen: Lazarus sei nur krank geworden, damit er seine Kunst an ihm zeigen könne». Sinnvoll wäre aber der ganze Vorgang zu verstehen, wenn man die Worte Jesu bei der Erweckung des Lazarus: «Ich bin die Auferstehung und das Leben» wörtlich verstünde: Das Leben in Lazarus, die Auferstehung des Lazarus ist Jesus; das heißt: das ewige Wort, der Logos, der im Anfang war, sie leben jetzt in Lazarus[82]. Durch die Krankheit und den Tod des Lazarus kommt also Gott zur Erscheinung, wird das Göttliche im Menschen geboren.

Besonders deutlich wird die Betrachtungsart Steiners bei folgendem: «Wo ist das Grab, aus dem das Wort geboren ist? Man braucht, um auf diese Frage Antwort zu erhalten, nur an Plato zu denken, der den Leib des Menschen ein Grab der Seele nennt.»[83] Es sind die wirklichen äußeren Tatsachen gleichzeitig Bilder innerer Vorgänge. Der sich innerlich entwickelnde Mensch «erlebt bildhaft, was er geistig erringt»[84].

Die Deutung Jesu 1902 und 1910

Wie sieht Steiner 1902 aber die Gestalt Jesu? Hat er schon damals das betont, was er später immer wieder betonte, daß das Christus-Ereignis ein einmaliges Ereignis in der Menschheitsentwicklung sei? Daß allein durch den Christus-Impuls für die Evolution der Erde eine wahre Zukunft möglich sei und daß für die Menschheit durch das Christusopfer die Möglichkeit zum neuen Aufstieg gegeben sei? – Daß dies die Gesichtspunkte Steiners bei der Abfassung des Buches «Das Christentum als mystische Tatsache» gewesen sind, kann man nicht behaupten. Das Christentum wird als «eine Entwicklungsstufe der Mysterienweisheit»[85] bezeichnet. Bei der Neuauflage 1910 ändert Steiner diesen Satz und schreibt: «Das Christentum als mystische Tatsache ist eine Entwicklungsstufe im Werdegang der Menschheit», und fügt hinzu «und die Ereignisse in den Mysterien ... sind die Vorbereitung zu dieser mystischen Tatsache»[86]. Die Mysterien sind Vorbereitung geworden, das Christus-Ereignis erhält durch diese neue Deutung Mittelpunktscharakter. An einer anderen Stelle ist diese Akzentverschiebung noch deutlicher. So heißt es 1902: «Es ist in dem Wesen des Christentums gelegen, daß seine Mystik nicht voraussetzungslos ist. Der christliche Mystiker will in sich selbst die Gottheit schauen, aber er wartet nicht unbefangen ab, was er da im Innern schaut, sondern er sucht den christlichen Gott im Innern.»[87] Solche Formulierung erinnert an die Formulierung, mit der er 1899 von Böhme sagte: «Was ihm aber im Innern entgegentritt, ist nicht das Ich des Menschen, sondern doch nur wieder der Christengott.»[31] Diese so formulierte Kritik an Böhme kann etwas Berechtigtes haben, wenn man voraussetzt, daß der «Christengott» ein der Seele und dem Ich fremdes, undurchschaubares Wesen sei. 1910 muß Steiner anders formulieren: «Der christliche Myste will in sich selbst die Gottheit schauen, aber er muß zu dem geschichtlichen Christus hinblicken wie das physische Auge zur Sonne; wie dieses sich sagt, durch diese Sonne werde ich erblicken, was ich durch meine Kräfte sehen kann, so sagt sich der christliche Myste: ich steigere mein Inneres zum göttlichen Schauen, das Licht, das mir solches Schauen ermöglicht, ist in dem erschienenen Christus gegeben. Er *ist,* wodurch ich in mir zum Höchsten steigen kann.»[88] Mit diesen Worten wird nun nicht mehr bedauert, daß der christliche Mystiker Voraussetzungen anerkennen muß, es wird vielmehr ausdrücklich gerechtfertigt und begründet.

Doch kehren wir noch einmal zum Jahre 1902 zurück. 1902 vergleicht Rudolf Steiner Buddha und Jesus. Beide Lebensläufe haben in der Art, wie sie in den religiösen Urkunden dargestellt wurden, viel Gemeinsames, denn in beiden Fällen wird der «Lebenslauf eines Gottmenschen»[89] geschildert. «Man erzählt seinen Lebenslauf nicht, indem man eine zufällige Biographie schreibt, man erzählt einen für einen Weltheiland vorgezeichneten Lebenslauf. In den Mysterientraditionen haben wir für beide (Buddha und Christus) die Vorlagen zu suchen.»[89] – Daß der Lebenslauf eines Messias ein vorgezeichneter ist, ersieht man ja auch unter anderm daraus, daß durch das Leben Jesu die «Schrift» erfüllt wird.

Zwischen Buddha und Jesus bestehen nun aber auch nach Steiners damaliger Erkenntnis bedeutsame Unterschiede. «Das Jesus-Leben enthält mehr als das Buddha-Leben.»[90] Denn während das Buddha-Leben mit der Verklärung endet und Buddha in das Weltlicht eingeht, beginnt das Bedeutsame des Lebens Jesu erst in diesem Augenblick: Leiden, Sterben und Auferstehung. Dieses ist für Steiner «eine höhere Stufe der Initiation»[90]. – «Jesus erweckt diesen Allgeist» – in den Buddha zerfließt – «noch einmal in menschlicher Gestalt in das gegenwärtige Dasein. Solches ward mit den Initiierten bei den höheren Weihen vollzogen» – «Jesus ist Logos selbst, persönlich geworden. In ihm ist das Wort Fleisch geworden. Die im Sinne des Osiris-Mythus Initiierten waren zu solcher Auferstehung gelangt.»[90]

Indem Steiner das Leiden, Sterben und Auferstehen Jesu als eine Initiation versteht und deutet, erhält auch seine Beurteilung des Christentums ihr Gepräge: Dadurch, daß Jesus das, was bisher in den Mysterien verschlossen war, vor allem Volke offenbar machte, konnte jeder durch die Evangelien den Mysterieninhalt erfahren, aber er wurde durch diese Art der Mitteilung notwendigerweise nicht in seinen Tiefen verstanden, vor allem wurde er kein persönliches Erlebnis. «Nicht die Persönlichkeit des Menschen steht in unmittelbarer Beziehung zum Göttlichen.»[91] Die Erkenntnis des Ewigen wurde nicht eigenes Erleben der Menschen, sondern Glaubensinhalt. Auf diese Weise konnten «alle der Wahrheit teilhaftig werden». – «Das Christentum holte das Mysterium aus der Tempeldunkelheit in das helle Tageslicht hervor. Aber es verschloß zugleich die Tempeloffenbarung in das innerste Gemach, in den Inhalt des Glaubens.»[92] Mit diesen Worten schließt die erste Auflage des «Christentum als mystische Tatsache». Steiner hat sie später geändert.

Man kann zusammenfassen: 1902 wird der Versuch unternommen, in die historischen Dokumente, die von Mythen, Mysterien usw. vor allem aber über das Leben Jesus überliefert sind, dadurch Licht zu bringen, daß sie im Lichte mystischer Erfahrungen gedeutet werden. In diesem Versuch lebt das Bestreben, diese Ereignisse nicht nur historisch zu sehen, sondern sie sich wirklich anzueignen, sich mit ihnen im Innersten zu verbinden. Es ist das Streben aller Mystiker, das sich in den Worten des Angelus Silesius ausspricht:

> «Wird Christus tausendmal zu Bethlehem geboren,
> und nicht in dir, du bleibst doch ewiglich verloren.»

Man muß aber auch im Sinne der eigenen Interpretation Steiners sagen, daß sie mindestens an einer Stelle eine wichtige Frage offenläßt. Es ist nämlich ein Unterschied, ob ein Mensch auf dem Wege mystischer Vertiefung das Niedere und Vergängliche in sich zum Absterben bringt, oder ob der «Gottessohn» stirbt, gekreuzigt wird. Welchen Sinn hat der Tod des «Logos»? Sie als Initiation zu bezeichnen, erscheint widersprüchlich, obwohl äußerlich die Vorgänge von Leiden, Sterben und Auferstehung den Initiationsriten gleichen. Der Sinn ist aber ein anderer, wenn solches nicht an dem Sterblichen des Menschen, sondern an «Gottes Sohn» vollzogen wird. Steiner war sich des problematischen Charakters seines Buches bewußt, als er es 1902 an Wolfgang Kirchbach schickte: «Mein ‹Christentum› nehmen Sie bitte nicht für mehr, als es sein will. Ich kenne seine Fehler, namentlich die *historischen* ganz genau.» – «Ich lege Wert auf die Erkenntnis-Gesinnung, die ich zum Ausdruck bringe. Ich weiß, daß ich etwas Ähnliches wage wie einst Fritz Schultze, von dessen *positiven* Aufstellungen heute nichts mehr als richtig gilt, während das biogenetische Gesetz – vielleicht noch korrigiert – in alle Zukunft weiterleben wird.»[93] Man kann sich also auf Steiner berufen, wenn man in dem grundsätzlichen Ansatz jenes Werkes etwas Berechtigtes sieht, aber einzelne Aufstellungen, die er gemacht hat, als fragwürdig betrachtet.

Verfolgen wir nun noch in wenigen großen Zügen weiter, wie sich

Steiners Erkenntnisse weiterentwickeln. Man ist gezwungen, dabei sehr viel wegzulassen. Aber wer sich für die Einzelheiten der Ausgestaltung der Christologie interessiert, liest dies am besten in Steiners zahlreichen Vorträgen nach. 1910 erscheint die zweite Auflage des Buches «Das Christentum als mystische Tatsache». Es enthält charakteristische Ergänzungen an der hier besprochenen Stelle[94]. Das hier kursiv Gedruckte wurde 1910 hinzugefügt: «Buddha zerfließt im Augenblick seiner Verklärung in das selige Leben des Allgeistes. *Christus* Jesus erweckt diesen Allgeist noch einmal in menschlicher Gestalt in das gegenwärtige Dasein. Solches ward mit den Initiierten bei den höheren Weihen *in einem Sinne* vollzogen, *der bildhaft ist.* Die im Sinne des Osiris-Mythus Initiierten waren zu solcher Auferstehung *in ihrem Bewußtsein als in einem Bild-Erlebnis* gelangt. Diese ‹große Initiation›, *aber nicht als Bild-Erlebnis, sondern als Wirklichkeit,* wurde also im Jesus-Leben zu der Buddha-Initiation hinzugefügt.» Die Ergänzungen der Auflage 1910 zeigen vor allem zweierlei: Einmal wird durch sie die höchste ägyptische Form der Initiation als Bild-Erlebnis – also als symbolische Handlung – betrachtet, zum anderen wird die Auferstehung Jesu nunmehr ausdrücklich als Wirklichkeit bezeichnet. *Damit wird aber Tod und Auferstehung Jesu deutlich vom Mysterienwesen abgesetzt.* Ähnliches wird auch in der folgenden Änderung deutlich. In der ersten Auflage liest man: «Jesus ist Logos selbst, persönlich geworden.» In der zweiten Auflage: «*In* Jesus ist *der* Logos selbst persönlich geworden» (ohne Komma). Wenn Steiner in der zweiten Auflage «*der* Logos» schreibt, deutet er an, daß es sich hier um einen bestimmten Logos, eben um *den* einzigen Logos handelt.

In diesem Sinne ist es dann auch entscheidend, daß der *historische* und damit einmalige Charakter von Tod und Auferstehung Jesu gesehen wird. 1902 betont Steiner noch stärker das Ewige und Immerwährende der Ereignisse in Palästina: «Der da in Bethlehem geboren ist, hat einen ewigen Charakter. Das Weihnachtsantiphon darf von der Geburt Jesu sprechen, als wenn sie an jedem Weihnachtsfeste geschehe: Heute ist Christus geboren, heute ist der Erlöser erschienen, heute singen die Engel auf Erden.» – 1910 fügt Steiner an dieser Stelle hinzu, daß der christliche Myste der Gegenwart, der das «Christus-Erlebnis» durchmacht, «zugleich das geschichtliche Ereignis auf Golgatha schaut»[95]. Das Ewige in einer Erscheinung zu entdecken ist gewiß bedeutsam, in der geistigen Schau aber das Historische und das Einmalig-Konkrete zu erfassen ist mehr. Erst in dem Ergeifen der historisch-tatsächlichen Bedeutung des Christus-Ereignisses rechtfertigt sich der Titel des Buches: «Das Christentum als mystische *Tatsache.*»

Christus als Grund des freien Menschenwesens

1912 schließlich formuliert Steiner jene Anschauungen, an denen er dann festgehalten hat. Durch die Auseinandersetzungen mit den Führern der Theosophischen Gesellschaft, die weder die Einmaligkeit noch die kosmische Bedeutung des Christus-Ereignisses anerkannten, war für Steiner der Anlaß gegeben, in deutlichster Form die Konsequenzen aus seinen schon 1910 angedeuteten Erkenntnissen zu ziehen. – Faßt man die reale mystische Erkenntnis, die Intuition, als Sprossen oder «Sohn» des Göttlichen auf, so stellt sich die Frage: Welchen Sinn der «Tod» Gottes haben kann. Es ist ja ein Unterschied, ob etwa das Niedere der menschlichen Triebe zum Schweigen gebracht wird, oder ob man von einem «Tod» des Gottes spricht. Der Tod Gottes erfolgt ja in völliger Entäußerung seiner Göttlichkeit, indem er Knechtsgestalt annimmt und sich an das Erdenkreuz schlagen läßt. Das Höchste neigt sich vor dem Niederen in der Fußwaschung. So wird auch der Apostel «allen alles» (I Kor. 9, 22), weil er das Prinzip des Dienstes und der Hingabe verwirklicht. Der Sinn dieser Hingabe ist es, mit dem innerlich erfahrenen Göttlichen durch die Praxis des Dienstes das objektive Göttliche zu erfahren. Der Christ tut dies im Glauben an das Wort Christi: Was ihr getan habt einem unter diesen meinen geringsten Brüdern, das habt ihr *mir* getan (Matth. 25, 40). Der Weg dieses Dienstes führt vom Menschen-Ich zum objektiven Welt-Ich. Die Verkündigung des Christentums ist, *daß dieses da ist*, bis an das Ende der Welt. Dieses Da-Sein ist nicht als Menschenwerk oder Tat aufzufassen, sondern als die göttliche Vor-Gabe an die Menschheit. Wer also im mystischen Prozeß sein eigenstes inneres Leben, das Göttliche im Menschen, in den Dienst anderer Menschen stellt, kann gewiß sein, daß wie von der «anderen Seite» her dieser Dienst aufgenommen und in das Leben des objektiv Göttlichen hineingeführt wird[96].

In einem öffentlichen Vortrag unter dem Titel «Christus und das zwanzigste Jahrhundert» weist Steiner 1912 in aller Klarheit auf die objektive Bedeutung Christi hin. Seit 1909 läßt sich diese Einsicht schon nachweisen[97], erst 1912 aber hat sie jene sprachliche Form und Formulierung gefunden, die auch den Gegensatz zu der Auffassung von 1902 ganz deutlich macht. Steiner knüpft, um das von ihm Gemeinte zu verdeutlichen, an ein Wort Goethes aus dem «Entwurf einer Farbenlehre» an. Goethe schrieb: «Das Auge hat sein Dasein dem Licht zu danken. Aus gleichgültigen tierischen Hilfsorganen ruft sich das Licht ein Organ hervor, das seinesgleichen werde, und so bildet sich das Auge am Lichte fürs Licht, damit das innere Licht dem äußeren Licht entgegentrete.»

Steiner fährt fort: «Wie das Auge durch das Licht gebildet ist, wie die Wahrnehmung des Lichtes durch das Auge geschieht, so kommt das innere Christus-Erlebnis, die innere Wiedergeburt der Seele durch das Christus-Erlebnis der Menschheit, durch das Mysterium von Golgatha zustande.» – «Durch das Innere erlebt der Mensch den Christus. Daß er aber die Seele über sich selbst hinaussteigern kann, rührt davon her, daß die geistige Sonne, das Mysterium von Golgatha, in die Weltgeschichte eingetreten ist. – Ohne das objektive Mysterium von Golgatha und ohne den objektiven Christus kein subjektives inneres Erleben mystischer Art.»[98]

Mit solchen Worten überwindet Steiner endgültig die Gefahr des Solipsismus, die in jedem Individualismus vorhanden ist. Man könnte ausführlicher darstellen, wie sich das vorbereitet hat, doch das ist in unserem Zusammenhang nicht erforderlich. Was bisher, besonders aber in den frühen Werken Steiners der Tätigkeit des Ich zugeschrieben wird, was aus der Kraft des Ich hervorzugehen schien, wird nun letztlich auf die Tat des Christus zurückgeführt. Vom Mysterium von Golgatha geht die Erlösung der Menschheit aus, und Steiner bekennt, «daß alles moralische Wirken, alle Erkenntnis erst durch die Erlösung eintreten kann»[98].

Es ist die Auf-Gabe des Menschen, des Ich, «Gott zu suchen» und sich zu ihm zu erheben. Es ist das Streben des Menschen nur denkbar, wenn es eine innere Orientierung hat, wenn im Menschen die Kraft dazu veranlagt ist. Aber auch dies alles wäre nicht entscheidend, wenn nicht als *Tatsache* die reale Möglichkeit der Selbstüberwindung, die reale Möglichkeit des Über-sich-hinaus-Kommens bestünde. Diese Möglichkeiten müssen eine Tatsache sein, die dem Menschen geschenkt, gegeben ist, sie sind *kein philosophisches Prinzip*. Nur als Ergebnis einer zu machenden Erfahrung kann zum Beispiel die Tatsache des Verstehens der Menschen untereinander, kann ihr wechselseitiges Kommunizieren auftreten, aus dem Einzel-Ich kann dieses nicht a priori abgeleitet werden[99]. Der einigende Grund der Menschheit ist *insofern* etwas, das nicht begriffen und erklärt werden kann, er muß wahrgenommen werden. Und an dieser Stelle kann rückblickend bemerkt werden, daß Steiner von Anfang an diesen Sachverhalt in seiner Philosophie gesehen hat. Er hat ihn nicht nur gesehen, er ist geradezu das konstituierende Element derselben. Wir müssen bei der Erforschung unseres Wesens, so sagt er bereits 1893, «an einen Punkt kommen, wo wir uns sagen können: hier sind wir nicht mehr bloß ‹Ich›, hier liegt etwas, was mehr als ‹Ich› ist»[100]. – Als das Element, das den Menschen über sich hinausbringen kann, bezeichnet Steiner das Denken; unter diesem Denken versteht er aber keine subjektive Tätigkeit: «Ich darf niemals sagen, daß mein individuelles Subjekt denkt; dieses lebt vielmehr von des Denkens Gnaden, das Denken ist somit ein Element, das mich über mein Selbst hinausführt und mit den Objekten verbindet.»[101] – Dieses Element ist auch nicht einer gedanklichen Begründung bedürftig, es ist eine Tatsache: «Beim Denken hört alles Beweisen auf. Denn der Beweis setzt bereits das Denken voraus.»[102] – In seinen frühesten Schriften vertritt Steiner diese Auffassung in einer Sprache, die den religiösen Charakter seiner Gedanken noch deutlicher werden läßt. Das Denken, so heißt es da, «hat den Ideen gegenüber dieselbe Bedeutung wie das Auge dem Lichte ... gegenüber. Es ist das Organ der Auffassung.» Durch das Denken wird der Mensch «mit der objektiven Wirklichkeit auf ihrer höchsten Potenz *eins*. Das Gewahrwerden der Idee in der Wirklichkeit ist die wahre *Kommunion des Menschen*.»[103] Schließlich geht Steiner in seiner Erkenntnistheorie der Goetheschen Weltanschauung (1886) so weit, daß er dieses Denken auf den Schöpfergrund der Welt zurückführt. «Der Weltengrund hat sich in die Welt vollständig ausgegossen; er hat sich nicht von der Welt zurückgezogen, um sie von außen zu lenken, er treibt sie von innen; er hat sich ihr nicht vorenthalten. Die höchste Form, in der er innerhalb der Wirklichkeit des gewöhnlichen Lebens auftritt, ist das Denken.»[104] Solche Worte Steiners werden sofort mißverständlich, wenn man das, was er hier Denken nennt, mit unserem subjektiven Meinen und Wähnen, das viele für Denken halten, verwechselt. Steiners Auffassung beruht auf der Anerkennung der *Tatsache*, die eine Erfahrung ist, daß das wahre Denken den Menschen über sich hinausführt. Man kann also sagen: Der Mensch *wird* durch das Denken über sich hinausgeführt, er wird von seinem subjektiven Standpunkt erlöst. In dieser Erlösung liegt der Ansatzpunkt für alle anderen möglichen Erlösungen. Das Denken ist das Tor, durch das das Göttliche im Menschen wirken kann.

Steiner sagte in seiner ersten Wirkensperiode nicht, daß das, was er am Denken erlebte, auf das Wirken und die Erlösungstat Christi zurückzuführen ist, daß alles Denken, Forschen und Sich-Entwickeln im christlichen Sinn nichts anderes ist als das Arbeiten mit den anvertrauten Talenten (Matth. 25, 14–31). Er mußte von seinem ersten Standpunkte aus betonen, daß der Mensch mit dem ihm Anvertrauten arbeiten solle, ja, daß der Mensch sich diesem anvertrauen solle. Erst später geht ihm auf, daß alles Mühen und Erkennen seine Wirklichkeit durch ein historisches Ereignis erhält: «Wenn gesundes Wahrheitsdenken immer mehr und mehr entwickelt werden soll, so geschieht dies deshalb, weil durch das Mysterium von Golgatha ... dieses Denken den Impuls dazu erlangt hat, dadurch erlangen konnte, daß der Christus sich in die geistige Erden-Atmosphäre ausgegossen hat.»[105] Was also 1886 heißt: der Weltengrund hat sich in die Welt ausgegossen, kehrt 1914 verwandelt wieder: der Christus hat sich in die Welt ausgegossen. – Daß sich Steiner gedrängt sieht, die Tatsache, daß der Mensch über sich hinausgeführt wird, wenn er sich dem wahren Denken anvertraut, auf das Kreuz von Golgatha zurückzuführen, bedarf einiger Worte. Es kam Steiner nicht darauf an, eine einmal geschehene Erlösung zu verkünden. Er wollte die Tatsache der Erlösung im Menschenleben fruchtbar machen. Indem er von den Tatbeständen des heutigen individualisierten Bewußtseins ausging, mußte er die Tatsache der Erlösung im Individuum finden gemäß dem Worte: «Ich bin bei euch alle Tage bis an das Ende der Welt.» Man kann diese Worte für wahr halten und sich nicht darum kümmern, daß der Herr «bei uns» ist. Man kann diese Worte aber auch wirklich *glauben*, d. i. zu einer Wirklichkeit werden lassen, ohne daß man schon die volle Wirklichkeit dessen, was man da faktisch glaubt, kennt. Für Steiner bedeutet die Leugnung der in unserer Welt wirklichen Erlösung durch das denkende Erkennen, bedeutet die Leugnung der Selbstüberwindungsmöglichkeit, die dem Menschen *gegeben* ist, die faktische Leugnung der Erlösung. Glauben heißt hingegen, sich von dem im Denken *gegebenen* Göttlichen führen zu lassen.

Welches Verständnis ergibt sich nun unter solchen Erwägungen für das, was Steiner das «Mysterium von Golgatha» und den Christus, den Logos nennt? Der Mensch steht so im Denken, daß er es von seinem individuellen Standpunkt und aus seiner Besonderung heraus erfaßt. «Wir sehen in uns eine schlechthin absolute Kraft zum Dasein kommen, eine Kraft, die universell ist, aber wir lernen diese Kraft nicht bei ihrem Ausströmen aus dem Zentrum der Welt kennen, sondern an einem Punkte der Peripherie.»[106] Der Mensch muß sich also von der Peripherie in das Zentrum der Welt hineinleben. Ein solches Hineinleben in die Tiefen oder Höhen der Welt nennt Steiner in seinen späteren Schriften Initiation. Wie ist dieses Hineinleben nun aber von dem Standpunkte aus zu denken, auf den der Mensch sich weder stellen kann noch darf: Vom Zentrum der Welt her? Es ist genau das Gegenteil der Initiation, es ist die Ausgießung, das Opfer in die Welt hinein. 1912 ist dieses auch für Steiner deutlich. In einem Vortrag vom 10. Juni 1912 führt er aus: «Man kann ... von dem Christus von vornherein als von einem Eingeweihten sprechen, von einem solchen, der die unmittelbare Verbindung mit der übersinnlichen Welt hat; aber man kann bei ihm nicht von seiner Einweihung sprechen, nicht von einem Gange durch die Initiation. Man kann sprechen davon, daß er ein Initiierter ist, aber man kann nichts darüber sagen, wie er Initiierter geworden ist. Das ist ein gewaltiger Unterschied.» – «Für ihn selbst war es auch keine Erleuchtung, was er bei der Verklärung durchgemacht hat. Für die anderen, für die Begleiter ist es eine Erleuchtung gewesen, für ihn nicht. Für ihn ist es eine Selbstverständlichkeit. Er konnte nichts mehr dabei lernen.» – «Und wenn man gar die Beschreibung des Todes und der Auferstehung des Christus-Jesus als solche Stufen betrachten wollte, so würde man damit zeigen, daß man sich nicht klar darüber ist, daß durch die Kraft, welche schon in dem lebenden Christus war, die Auferstehung geschehen ist, daß das nicht ein Initiationsakt ist, daß der Christus-Jesus nicht auferweckt worden ist durch einen anderen Initiierten, sondern durch die göttliche Kraft, welche von außerhalb der Erde herstammt . . .» – «Wer davon spricht, daß das Christusleben irgendwie als Initiation zu erklären ist, der begeht den größten Fehler gegen den Geist des Christentums.»[107] Hiermit will Steiner das ausdrücken, was das Johannes-Evangelium mit den Worten ausdrückt: «Der von oben her kommt, ist über allen; der von der Erde ist, ist von der Erde und spricht aus der Erde heraus» (Joh. 3, 31). – Bei einer Kritik des Werkes «Das Christentum als mystische Tatsache» wird man berücksichtigen müssen, daß Steiner in diesem Werke nicht direkt von Christus spricht. Er spricht von Jesus. Man könnte daraus schließen, daß ihm, als er 1902 dieses Buch schrieb, noch nicht klar war, daß der Jesus der Christus ist. Er deutete deshalb Leiden, Sterben und Auferstehen Jesu als Initiation. Welchen Sinn eine solche Deutung hätte, müßte besonders untersucht werden. Erst im Laufe der immer intensiveren Beschäftigung mit der Gestalt Jesu scheint ihm die wahre Identität Jesu aufgegangen zu sein. In welcher Weise er sich mit der Gestalt Jesu beschäftigt hat und zu welchen Einsichten er in diesem Zusammenhang gekommen ist, müßte wiederum Gegenstand einer besonderen Darstellung sein.

Zusammenfassend kann man sagen: Rudolf Steiner nahm als Ausgangspunkt seiner Entwicklung die Erfahrungen des individuellen Bewußtseins. In diesen Erfahrungen zeigte sich ein Element, das über die bloße Erfahrung, so wie sie ist, hinausführt zu einer neuen Wirklichkeit. Es ist in die Verantwortung des menschlichen Ich gestellt, diese Wirklichkeit zu schaffen. Dies kann dem Ich von niemandem abgenommen werden. Das Ich muß in Freiheit seine Wahrheit erzeugen. Eine lange Entwicklung führte dazu, daß Steiner einsah, daß dem Ich aber die Möglichkeit, zur Wahrheit zu finden, durch ein besonderes historisches Ereignis geschenkt wird. Diese Erkenntnis ist in seiner Philosophie veranlagt, aber erst später konnte er erkennen, daß dem Ich durch das Ereignis von Golgatha die Voraussetzungen seiner Freiheit und Erkenntnis gegeben werden, daß durch Christus die Menschheit ihren einigenden Grund erhält. Die Voraussetzungen seiner frühen Erkenntnisse werden in seinen späteren Werken aufgehoben und zugleich neu begründet durch die Wahrheit, daß Christus die Wirklichkeit ist, aus der wir leben.

Um dies aber zu erkennen und in seiner Wahrheit zu erleben, muß die Wirklichkeit der Gnade dort ergriffen werden, wo sie sich unverhüllt dem Menschen zeigt: im lebendigen, über sich immer neu hinausführenden Denken. Der Mensch, der sich dem forttreibenden Denken anvertraut, weiß nicht, wohin ihn sein Weg führt, aber er weiß, daß es sein Weg ist, den er als Individualität gehen will. Indem man so, unwissend, diesen Weg geht und sich gegen jegliches Stehenbleiben ebenso wehrt wie gegen die Angebote nicht selbst durchdrungener Offenbarungen, verwirklicht man das, was anderen bloßer Inhalt eines fürwahrhaltenden Glaubens ist. Wer aber die Wahrheit tut, der kommt zum Licht (Joh. 3, 21).

Anmerkungen und Quellennachweis

Abkürzungen der zitierten Werke Rudolf Steiners:

Ph 1 = Philosophie der Freiheit, 1. Auflage, Weimar 1894.
Ph 2 = zweite, umgearbeitete Fassung der Philosophie der Freiheit, zitiert nach der Ausgabe Dornach 1949.
Me = Methodische Grundlagen der Anthroposophie, Dornach 1961.
Nz = Friedrich Nietzsche, ein Kämpfer gegen seine Zeit, 1895, zitiert nach der unveränderten zweiten Auflage, Dornach 1926.
Bf = Briefe, 2. Band, Dornach 1953.
Goe = Goethes naturwissenschaftliche Schriften, hrsg. von Rudolf Steiner, Stuttgart o. J.
My = Die Mystik im Aufgange des neuzeitlichen Geisteslebens, 1901, zitiert nach der Auflage von 1923.
Ch 1 = Das Christentum als mystische Tatsache und die Mysterien des Altertums, 1. Auflage Berlin 1902.
Ch 2 = dasselbe, zweite, veränderte Fassung, zitiert nach der Ausgabe Stuttgart 1949.
Fr = Veröffentlichungen aus dem literarischen Frühwerk.
GW = Goethes Weltanschauung, 1897, zitiert nach der 3. Aufl. Berlin 1921.

Das Motto auf S. 5 stammt aus Hegel, Phänomenologie des Geistes, Die offenbare Religion, Kapitel VII, C.

1 Me 558 – 2 Fr Band V, Dornach 1958, S. 44
3 Rudolf Steiner, Mein Lebensgang, 7. Aufl. Dornach 1962, S. 363
4 ebd. S. 373
5 Brief an Johanna Mücke, Faksimile, ebd. nach Seite 392
6 Rudolf Steiner, Grundlinien einer Erkenntnistheorie der Goetheschen Weltanschauung, 2. Aufl. 1923, S. XI
7 E. v. Hartmann ist das Werk «Wahrheit und Wissenschaft» gewidmet.
8 Haeckel war das Werk «Welt- und Lebensanschauungen des 19. Jahrhunderts» gewidmet. Vgl. Brief Steiners vom 10. 2. 1900 in Bf 226 ff. Die Widmung wurde bei der erweiterten Neuauflage 1914, die unter dem Titel «Die Rätsel der Philosophie» erschien, weggelassen.
9 Bf 19 – 10 Ph 1 S. 3
11 hierzu vgl. Vortrag Steiners vom 18. III. 1923 in «Die Impulsierung des weltgeschichtlichen Geschehens» und Vortrag vom 20. XII. 1918 in «Die soziale Grundforderung unserer Zeit», Dornach 1963.

12 Goe IV. Bd. 2. Abt. S. 563 – 13 Bf 177 f. – 14 Ph 1 S. 152
15 GW 50 – 16 GW 51 – 17 GW 52 – 18 Goe IV. Bd. 2. Abt. S. 349
19 ebd. S. 351 – 20 GW 53
21 Ph 2 Kapitel «Individualität und Gattung» S. 306, Ph 1 S. 227
22 Ph 2 Kapitel «Die Idee der Freiheit» S. 210 (Zusatz zur Ausgabe 1918)
23 abgedruckt in: Rudolf Steiner, Wahrspruchworte, Dornach 1961, S. 273
24 Ph 1 S. 238 f., Ph 2 S. 318, 321
25 Rudolf Steiner, Wahrspruchworte, Dornach 1961, S. 201
26 Me 150 – 27 Ph 2 S. 322 – 28 Bf 198 – 29 Me 123
30 Fr Heft III S. 3 f.; instruktiv an dieser Stelle die Anmerkung der Herausgeber, denen diese Äußerung Steiners Schwierigkeiten macht.
31 Me 121 – 32 Goe II. Bd. S. IV
33 Immanuel Kant, Grundlegung zur Metaphysik der Sitten, zitiert nach der Ausgabe Meiner, Hamburg 1952, S. 28
34 Me 546
35 Rudolf Steiner, Gesammelte Aufsätze zur Kultur und Zeitgeschichte 1887–1901, Dornach 1966, S. 172
36 Rudolf Steiner, Anthroposophische Leitsätze, Dornach 1954, S. 17
37 Caesarius von Heisterbach, Dialog über die Wunder, 5, 21, zitiert nach: Joachim Leuschner, Die Kirche des Mittelalters, Stuttgart o. J., S. 23
38 vgl. Der Prozeß gegen die Hauptkriegsverbrecher vor dem Internationalen Militärgerichtshof Bd. XIII, S. 226 f.
39 Me 101 – 40 Me 102 – 41 Ph 1 S. 239 – 42 Me 118
43 S. Thomae Aquinatis Summa Theologica I, q 84 a 5
44 Goe IV. Bd. 1. Abt. S. XV – 45 Me 146
46 Max Stirner (= Kaspar Schmidt), Der Einzige und sein Eigentum, Leipzig o. J., Reclam, S. 415
47 Me 148 – 48 Bf 143 ff. – 49 Nz 33
50 Bf 181, dort auch weitere Bemerkungen über das Verhältnis der Philosophie Steiners zu der Nietzsches: «Seine Moralansicht, sein Immoralismus» findet «seine Krönung erst in meiner Freiheitsphilosophie», «seine moralischen Instinkte» ergeben *«gehörig sublimiert»* das, «was bei mir als moralische Phantasie figuriert». Eine weitere Auseinandersetzung mit Nietzsche Bf 186 ff.
51 Rudolf Steiner, Gesammelte Aufsätze zur Kultur- und Zeitgeschichte, Dornach 1966, S. 460
52 ebd. S. 467
53 Friedrich Nietzsche, Werke in drei Bänden, hrsg. von Karl Schlechta, 3. Auflage 1962, II. Bd. S. 300
54 Nz 72 – 55 Nz 43 und 88 – 56 Nz 89 – 57 Nz 100

58 Ph 1 S. 152

59 Ph 1 S. 186, in der neuen Bearbeitung geändert, vgl. Ph 2 S. 253

60 Ch 1 S. 11, Ch 2 S. 19

61 Joseph Klein, Ursprung und Konsequenzen der natürlichen Theologie, in: Hören und Handeln, Festschrift für Ernst Wolf, München 1962, S. 230

62 Carl Schneider, Das Christentum, in: Propyläen Weltgeschichte, Frankfurt 1963, Band 4, S. 440

63 Adolf von Harnack, Das Wesen des Christentums, zitiert nach der Neuauflage München und Hamburg 1964, S. 102

64 R. Bultmann, Geleitwort zur Neuauflage des Buches von Harnack, S. 7

65 My 1 – 66 Ph 2 S. 35

67 vgl. hierzu «Etwas vom Geistverstehen und Schicksalserleben» in: Rudolf Steiner, Anthroposophische Leitsätze, Dornach 1954, S. 109

68 Me 511 – 69 My 46 – 70 My 21 – 71 Me 94

72 Me 97 – 73 Fr Bd. IV, Heft 19, S. 152 – 74 Me 97

75 s. hierzu Brief an Wolfgang Kirchbach, Bf 306: «Der Zusatz ‹als mystische Tatsache› will *ganz* ernstgenommen werden», und Steiner in «Mein Lebensgang», 7. Aufl. 1962, S. 396: «Ich habe von Anfang an erkennen lassen, daß die Wahl des Titels ‹als mystische Tatsache› wichtig ist.»

75a Ch 2 S. 15

76 Rudolf Steiner, Luzifer-Gnosis (Gesammelte Aufsätze aus der Zeitschrift Luzifer und Luzifer-Gnosis), Dornach 1960, S. 147

77 Carl Schneider, Das Christentum, in: Propyläen Weltgeschichte Bd. 4, Frankfurt 1963, S. 437

78 Ch 1 S. 22 ff., Ch 2 S. 29

79 Ch 1 S. 24, Ch 2 S. 30. Das Wort «Gottes-Sohn» wird 1910 durch «Gottes-Sproß» ersetzt.

80 Me 527 – 81 My 50 – 82 Ch 1 S. 99 f., Ch 2 S. 94 f.

83 Ch 1 S. 100, Ch 2 S. 95

84 Ch 2 S. 97, in der ersten Auflage statt bildhaft: symbolisch

85 Ch 1 S. 134 – 86 Ch 2 S. 125 – 87 Ch 1 S. 127 – 88 Ch 2 S. 119

89 Ch 1 S. 85, Ch 2 S. 81 – 90 Ch 1 S. 86, Ch 2 S. 82: geändert!

91 Ch 1 S. 140, Ch 2 S. 130: Stelle fehlt!

92 Ch 1 S. 140 f., Ch 2 S. 131: geändert! – 93 Bf 306 f.

94 Ch 1 S. 86 f., Ch 2 S. 82 – 95 Ch 1 S. 88, Ch 2 S. 84

96 Rudolf Steiner, Menschengeschichte im Lichte der Geistesforschung, öffentliche Vorträge Berlin 1911/12, Dornach 1962, S. 313

97 vgl. Ch 2 S. 84 und Rudolf Steiner, Das Johannesevangelium im Verhältnis zu den drei anderen Evangelien, Vorträge Kassel 1909 (besonders die Vorträge 12–14), Dornach 1959

98 s. Anm. 96, S. 313 f.

99 Zusatz zur Neuauflage, Ph 2 S. 210

100 Ph 1 Ende des 3. Kap. S. 29, Ph 2 Ende des 2. Kap. S. 39

101 Ph 1 5. Kap. S. 56, Ph 2 4. Kap. S. 74

102 so in Steiners Dissertation, erschienen unter dem Titel «Wahrheit und Wissenschaft», 4. Aufl. Dornach 1958, S. 59

103 Goe II. Bd. S. IV

104 Rudolf Steiner, Grundlinien einer Erkenntnistheorie der Goetheschen Weltanschauung, 2. Aufl. Dornach 1924, S. 98

105 Rudolf Steiner, Vorstufen zum Mysterium von Golgatha, Dornach 1964, S. 109 (Vortrag vom 7. März 1914)

106 Ph 1 S. 89 f., Ph 2 S. 114

107 vgl. Rudolf Steiner, Der Mensch im Lichte von Okkultismus, Theosophie und Philosophie, Vorträge in Kristiania / Oslo vom 2.–12. Juni 1912, 3. Aufl. Dornach 1956, S. 143 ff.; hierzu auch wichtig der Text in Ch 1 S. 86, dort heißt es von der «Verklärung» Jesu: Jesus «ist in diesem Augenblicke ein Buddha. Aber er betritt auch in diesem Augenblicke eine höhere Stufe der Initiation». D. h. das Leben Jesu wird, wie schon oben deutlich wurde, als Einweihungsgang interpretiert. In Ch 2 ist diese Stelle wie folgt geändert: Jesus «ist in diesem Augenblicke ein Buddha. Aber er betritt auch in diesem Augenblicke eine Stufe, die in einem höheren Grade der Initiation ihren Ausdruck findet.» – Diese noch zweideutige Formulierung ist Anlaß, die endgültige Klarheit über das Leben Jesu bei Steiner erst für 1912 anzusetzen. Gleichwohl lassen sich auch frühere Äußerungen finden, die das Objektive des «Christus-Impulses», der nicht mit der Gestalt Jesu verwechselt werden darf, betonen; so in: Rudolf Steiner, Die Geheimwissenschaft im Umriß, und: Rudolf Steiner, Das Johannes-Evangelium im Verhältnis zu den anderen Evangelien, Vorträge Kassel 1909, 4. Aufl. Dornach 1959, S. 219 ff. und S. 240 ff. Daß Steiner die 1912 formulierten Anschauungen weiterhin gültig waren, geht zum Beispiel aus einer Aussage des Jahres 1924 hervor, in der das «gnadeerfüllte Einfließen des Geistigen in die Menschenseele» der Wirksamkeit Christi zugeschrieben wird. Vgl.: Anthroposophische Leitsätze, Dornach 1954, S. 172 (Brief an die Mitglieder vom 2. November 1924: Das Michael-Christus-Erlebnis des Menschen).

Über Neuauflagen der zitierten Werke Rudolf Steiners innerhalb der Rudolf Steiner-Gesamtausgabe orientiert die Bibliographie: Rudolf Steiner, Das literarische und künstlerische Werk. Dornach 1961.

STUDIEN UND VERSUCHE

Eine anthroposophische Schriftenreihe

1 Wege und Irrwege in die geistige Welt
Von Friedrich Husemann, 37 Seiten, DM 2.80

2 Meditation als Erkenntnisweg
Von Walther Bühler, (z. Z. vergr.)

3 Die Schicksale Sigmund Freuds und Josef Breuers
Von Karl König, 56 Seiten, DM 3.80

4 Die Pflanze als Lichtsinnesorgan der Erde
Von Gerbert Grohmann, 60 Seiten, DM 3.80

5 Der rosenkreuzerische Impuls im Leben und Werk von Joachim Jungius und Thomas Traherne
Von Ernst Lehrs, 68 Seiten, DM 4.80

6 Von dem ätherischen Raume
Von George Adams, 64 Seiten, 6 Bildtafeln, cellophaniert DM 4.80

7 Naturwissenschaft an der Schwelle
Modernes Denken und die Sprache des Schicksals.
Von Hans Börnsen, 48 Seiten, cellophaniert DM 3.80

8 Shakespeares «Kaufmann von Venedig»
Von W. F. Veltman, 32 Seiten, cellophaniert DM 2.80

9 Idee und Denken
Beiträge zum Verständnis der Philosophie des deutschen Idealismus mit besonderer Berücksichtigung von Kant, Fichte und Hegel.
Von Berthold Wulf, 51 Seiten, cellophaniert DM 3.80

10 Der Isenheimer Altar / Die heilenden Kräfte in Raffaels Werk / Rembrandt
Drei Vorträge von Friedrich Husemann, 40 Seiten, 3 Abb., kart. DM 5.80

VERLAG FREIES GEISTESLEBEN